NOS PLANTES

CHEZ ELLES

Ferdinand FAIDEAU

PROFESSEUR A L'ÉCOLE MUNICIPALE J.-B. SAY

OS PLANTES

CHEZ ELLES

Leurs Mœurs par l'observation : leur Aspect par l'objectif

SUIVI D'UN TRAITÉ PRATIQUE

DE

LA PHOTOGRAPHIE DES PLANTES

DANS L'APPARTEMENT ET EN PLEIN AIR

OUVRAGE ORNÉ DE 67 GRAVURES

*reproduisant 135 plantes indigènes, d'après des photographies
de l'auteur.*

PARIS

Librairie Illustrée, J. TALLANDIER, Éditeur

8, RUE SAINT-JOSEPH, 8

NOS PLANTES

CHEZ ELLES

LES SPORTS DE LA NATURE

On voit aujourd'hui sur nos routes de singuliers spectacles. Des voitures qui répandent la terreur les parcourent à la vitesse d'un obus. De loin, on les entend venir ; à peine se détourne-t-on que les voilà ; elles passent, elles sont passées, vous laissant, dans un nuage de poussière, un relent de pétrole et une rapide vision de peaux d'ours.

Couchés sur une bicyclette, les yeux obstinément fixés sur le sol, des coureurs arrivent, à une allure folle. Ils viennent des extrémités de la France, de Brest, de Marseille, de Bordeaux, roulent ainsi depuis des heures, n'ayant qu'une idée ancrée sous les méninges, distancer leurs concurrents. Pour eux, la bicyclette, cette aimable petite reine, se transforme en un instrument de torture ; c'est sans doute en pensant à leurs exploits qu'un humoriste a défini le cyclisme, un sport qui a, sur l'équitation, l'avantage de supprimer une bête sur deux.

A peine la route en est-elle débarrassée que des groupes nombreux s'avancent, à pied, cette fois. A moitié nus, suant, soufflant, la figure écarlate, tous ces gens courent, l'air las. Ce sont, pensez-vous, des aspirants facteurs ruraux auxquels l'Administration, dans l'intérêt du public, impose cette rude épreuve. Détrompez-vous. Ces coureurs sont des ouvriers, des commis, des employés de bureau, des acteurs, des soldats, des élèves des lycées, c'est tout le monde ;

c'est vous, ce sera moi peut-être demain si cette fièvre est contagieuse. Le but avoué est de s'entraîner, de préparer une France saine et vigoureuse ; le but réel est, suivant la position sociale, de toucher la forte somme ou de gagner l'objet d'art; en tout cas, de détenir un record. Chacun aujourd'hui est recordman ou champion de quelque chose, au détriment de sa santé et c'est avec raison que quelques bons esprits commencent à s'élever contre les excès sportifs.

Je sais cependant un sport attachant, passionnant, qui n'offre aucun danger ; on le pratique seul ou en société, entre amis ou en famille, à tout âge et en toute saison ; il procure des joies sans mélange, charme les sens et ouvre l'esprit. Pour s'y livrer, on quitte les routes blanches et leurs poussières, on foule aux pieds le doux tapis des herbes, on s'enfonce sous la ramure des bois et là, dans l'atelier de la nature, on la regarde travailler, on admire ses œuvres, on voit la vie, le bourgeon qui craque, la fleur qui s'épanouit, l'oiseau qui chante, l'insecte qui vole, mille choses charmantes. Aussi bien, est-ce un sport ? — Je n'en sais rien, mais c'est une distraction qui, sans leurs inconvénients, présente tous les avantages des sports ; elle oblige à marcher en plein air, donne du plaisir et de la santé.

Oui, mais voilà, elle n'est pas à la mode ! Courir au milieu d'une équipe d'entraîneurs avec un maillot aux couleurs vives est de bon ton. Se promener avec, sur le dos, une boîte verte remplie de plantes, fi donc ! Laissez cela aux herboristes.

« Les Anglais étudient et aiment la botanique et s'en font à la campagne une récréation charmante, au lieu que les Français ne la regardent que comme une étude d'apothicaire, et ne voient dans l'émail des prairies que des herbes pour les lavements. »

Ainsi parlait J.-J. Rousseau, et notez qu'à son époque la supériorité des Anglo-Saxons n'était pas encore un article de foi. Au XVIII° siècle cependant, malgré les plaintes du philosophe, la botanique était plus en faveur qu'aujourd'hui.

Magistrats, nobles, grandes dames y prenaient intérêt,

Fig. 1. — La photographie des plantes fournit des documents précis, des souvenirs remplis de charme. On prend en passant, la Fougère qui pend le long d'un mur, les Sédums qui couronnent son sommet, ou un groupe de Champignons dont l'aspect plut, comme ces Collybies sur les pieux d'une palissade.

cueillaient les humbles fleurettes des champs, s'informaient de leur état civil, entretenaient des correspondances à leur sujet. C'était l'époque des « bergers » et des « bergères » ; tout le monde était alors « ami de la nature ».

La curiosité du public s'est portée depuis vers des sciences plus neuves, qui semblent plus riches en applications immédiates, comme si la botanique n'était pas la cause directe des perfectionnements apportés à l'agriculture, à la multiplication des végétaux, aux hybridations, à la sylviculture, à l'horticulture, à l'acclimatation des espèces utiles, à la lutte contre les maladies cryptogamiques.

Malgré ces services, pour le vulgaire la botanique n'est que « l'art de dessécher des plantes dans du papier brouillard et de les injurier en grec et en latin ». Beaucoup de personnes, même parmi les plus instruites, la considèrent comme une étude peu digne d'occuper les loisirs d'un homme sérieux ; c'est, disent-elles, « une science de demoiselles ». Il est vrai que tel qui plaisante les herbiers est fier de sa collection de timbres-poste ou de boîtes d'allumettes. Toujours la paille et la poutre !

En dehors de ces injustes préventions, trois causes contribuent à écarter des promenades botaniques une foule de personnes qui y trouveraient une récréation saine et intellectuelle : la nomenclature, la préparation des herbiers et... la boîte verte.

La nomenclature est aujourd'hui infiniment plus claire qu'au xviiie siècle. On a balayé le chaos de la synonymie. Il est facile, rien que par l'examen des gravures, partout aujourd'hui abondamment répandues — par exemple dans un ouvrage comme celui-ci — d'arriver à déterminer les plantes les plus communes. « Si on ignore les noms, dit Linné avec un peu d'exagération, on ne peut retenir la connaissance des choses. »

On peut s'intéresser à la botanique sans faire d'herbier ; il est d'autres moyens que les collections sèches pour conserver le souvenir des plantes ; le dessin, l'aquarelle en fournissent des reproductions plus vivantes auxquelles on s'attache davantage, car on y a mis une partie de soimême.

La photographie est un procédé plus rapide donnant, avec un peu d'habitude, des documents intéressants, précis, des souvenirs remplis de charme. Sur le terrain même, la difficulté est assez grande à cause du vent et pour différentes autres raisons qui seront exposées plus loin. Il faut souvent aider la nature, enlever les feuilles qui gênent, couper des branches, parer le sujet, choisir un fond qui le fasse ressortir. Avec un peu de goût, beaucoup de patience et une complaisance du vent, on fixe sur la plaque sensible un groupe de Champignons dont l'aspect plut (fig. 1), un Chèvrefeuille en fleurs entourant un jeune arbre de ses spirales pressées, ou encore la Fougère qui pend le long d'un mur, les Sédums qui couronnent son sommet.

A la maison, on dispose du fond, de l'éclairage, on met mieux en valeur le caractère à faire ressortir, la grâce d'un bouquet ou d'une branche (fig. 2), parures fleuries d'un vase ou d'une jardinière, l'imprévu d'une fleur d'Orchidée indigène, Loroglosse ou Ophrys, l'élégance d'un chaton ou d'un groupe de galles, comme des fruits sur une branche assemblés. Trois plaisirs en résultent : la cueillette, l'arrangement, la reproduction.

S'agit-il de Champignons, Craterelle dressant ses noires trompettes ou Lépiote abritant ses feuillets sous un parapluie velouté, un quatrième plaisir s'y joint, celui de la gourmandise. Quand on les a photographiés, on les mange. Il est bon toutefois de choisir ses sujets. Certains ont la vengeance terrible.

La suppression de l'herbier amène par surcroît celle de la fameuse boîte verte avec laquelle on a toujours l'air d'aller cueillir « des herbes pour les lavements ». Quelques journaux la remplacent. Si les plantes y sont bien enfermées, elles seront encore, à la fin de la journée, en assez bon état pour recouvrer toute leur fraîcheur par une pleine eau dans un grand récipient où, en rentrant, on les plonge pour la nuit. Ces plantes ainsi mouillées ne vaudront rien pour la mise en herbier, mais elles seront délicieuses en gerbes.

Dès que les pâles rayons du soleil de février ont fait, dans les bois dépouillés, s'ouvrir la délicate fleur de la Perce-neige, chaussez vos souliers de chasse et bouclez vos guêtres. Il est temps de partir. Aux branches des Coudriers pendent les longs épis dont le vent secoue la poussière fécondante ; les Saules semblent couverts de flocons de neige, blanche fourrure des chatons d'où l'or des étamines jaillira bientôt. On sent les premières secousses de la nature qui s'éveille ; l'air est vif, encore pénétrant ; les longues courses sont, à cette époque de l'année, agréables et sans fatigue.

Fig. 2. — C'est un plaisir de mettre en valeur, par la photographie, la grâce d'une branche, telle cette branche d'Aubépine, parure fleurie, à la douce senteur d'amande amère.

Prairies, moissons, bois, bord des eaux, montagnes, littoral maritime, chaque station a son charme particulier. Chaque saison apporte des joies nouvelles et de nouvelles fêtes pour la vue.

L'hiver lui-même a ses harmonies. Des Lichens barbus, étalés, ramifiés de cent façons, montrent sur les rochers, les écorces, les singularités de leur végétation ; le sol se recouvre des étranges frondaisons des Peltigères et des cornets menus des Cladonies ; les Mousses se surmontent de leurs mignonnes capsules ; l'arrière-garde de l'armée des Champignons couvre encore les feuilles mortes, les branches pourrissantes et grimpe à l'assaut des troncs.

En cours de route on surprend au passage quelque secret de la nature ; on observe sur place la vie des plantes ; on voit comment elles s'aident ou se nuisent, quelle influence exercent sur elles la terre dans laquelle elles plongent leurs racines et la lumière qui baigne leurs feuilles ; on suit le va-et-vient du petit monde animal qui vit de la plante et s'y abrite.

A ceux qui n'ont pas la bosse de l'observation ou qui sont dépourvus de connaissances suffisantes pour s'y livrer avec fruit, la promenade botanique offre d'autres joies. Voir des fleurs, le plus pur et le plus bel ouvrage de la terre, n'est-ce rien ? Quel attrait que de les cueillir, de mettre tout son goût à les grouper en associant leurs couleurs et leurs formes. Un bouquet de fleurs est le plus beau traité de botanique.

Quelle ressource dans les champs, pour le décor floral de l'appartement ! Ce ne sont pas là les fleurs orgueilleuses des jardins ; fleurs savantes dues à l'art des horticulteurs et qui exigent pour se développer des tropiques artificiels ; celles que nous cueillons sont moins larges, moins étoffées, mais leurs couleurs sont aussi vives et leur grâce est plus grande.

On parle beaucoup d'art pour le peuple ; quel objet, plus que la fleur, peut lui donner la notion de la beauté ?

C'est dans les bois, le dimanche, que l'ouvrier de la plume ou du marteau courbé toute la semaine sur des registres dans le bureau sombre ou penché sur l'établi dans l'atelier poussiéreux, trouvera le mieux le repos qui lui est nécessaire, le grand air dont il a besoin, les plaisirs les plus salutaires et, à tout prendre, les plus élevés.

Suivez-moi maintenant si vous aimez la fleur et tournez les pages de ce livre. Dans une première partie, débarrassée de tout terme scientifique inutile, vous trouverez une description des principaux actes de la vie des plantes, des renseignements sur leurs mœurs et leurs habitudes aussi intéressantes que celles des animaux. En cours de route, et à chaque pas, des gravures, reproductions de photographies, montreront les physionomies si variées des habitantes des champs, des bois, du bord des routes, des murailles ou des rivières, et vous permettront de les reconnaître dès la première rencontre.

Une seconde partie, très courte, par ses indications pratiques, vous permettra, en peu de temps, et avec une installation réduite, de photographier les plantes et d'obtenir de bons résultats.

CHAPITRE PREMIER

LA NAISSANCE

Tout être vivant provient d'une cellule préexistante. Chacune des cellules auxquelles le végétal confie le soin de le perpétuer se développe d'abord en parasite sur la plante-mère, se divise et forme un embryon qu'entourent des matières de réserve, que protège une coque : c'est la graine. Avec l'œuf de l'oiseau sa ressemblance est grande.

Amenée à maturité, la graine, bien qu'attachée encore à la tige, est sans rapport avec elle et n'en reçoit plus rien. Le moment critique de la séparation est arrivé. Son sort futur dépend de l'endroit où le hasard la posera.

Supposons-le favorable, conforme à ses hérédités et à ses besoins. Porté par le vent ou par le courant de la rivière voisine, volant avec l'aile de l'oiseau, traîné par quelque mammifère ou par son propre poids tombé, le germe repose sur un sol riche à souhait. La place est bonne, mais pour s'y implanter, pour que la vie incluse en la graine, et qui ne se manifeste que par une faible, très faible respiration, puisse acquérir toute son intensité, il faut que passent l'hiver et ses gelées.

Comment de la graine naît la plante.

Enfin des pluies inondent la semence, font sauter sur elle la terre dans laquelle elle doit vivre ; un air plus chaud lui parvient ; partout autour d'elle tombent les écailles des bourgeons ; la sève, sang des plantes, monte aux jeunes feuilles : c'est germinal. La graine, comme l'insecte, s'éveille de sa longue torpeur.

L'œuf de l'oiseau ne donne le jeune que s'il est couvé ; la

graine sait, quand la température extérieure l'y invite, lui
fournir l'impulsion première, produire elle-même la chaleur
nécessaire au déve-
loppement de la
plantule. Elle se
gonfle en absor-
bant l'eau et res-
pire activement.
Dans ses cellules

Fig. 3. — Par sa tige, vers
la lumière, par sa racine, au
fond du sol, ce jeune Maron-
nier d'Inde (1) va aux sources
de vie. Plus élancés sont les
Hêtres (2) sortant de la faine
bourrue. Dans vingt ans qu'il
fera bon s'asseoir à leur
ombre !

s'accomplissent des réac-
tions chimiques qui pro-
duisent une chaleur con-
sidérable, sensible au
dehors. Des ferments digestifs apparaissent ; les réserves
sont transformées en matières solubles dont l'embryon s'empare et se nourrit. Les enveloppes se déchirent ; une petite

racine pointe, s'allonge dans le sol et s'y ramifie; les cotylédons s'écartent pour laisser sortir une jeune tige qui se
dresse, paraît au jour, verdit, porte des feuilles (fig. 3).

Un phénomène singulier détermine une solide fixation de
la plantule à peine formée. La partie supérieure de sa racine
se contracte — parfois du quart de sa longueur totale — ce
qui enterre de plus en plus la base de la tige et amène la
formation de racines latérales qui immobilisent l'axe et le
consolident comme des cordages tendus maintiennent un
mât.

Ainsi fixée, pourvue d'une racine pour puiser l'eau et les
matières minérales du sol et de feuilles pour absorber les
gaz de l'atmosphère, la jeune plante est en bonne voie ; elle
a franchi une passe difficile et n'a plus qu'à se laisser vivre ;
elle croîtra, si aucun accident ne survient, et formera des
graines dans lesquelles à son tour elle enfermera l'étincelle
de vie qu'elle avait reçue. Mais pour une semence qui réussit,
combien périssent !

Difficultés de l'existence pour les jeunes plantes.

L'animal qui trouve la nourriture insuffisante ou non
appropriée à ses besoins, l'air trop chaud ou trop froid, peut
fuir le milieu qui l'opprime. La plante, elle, est invariable-
ment liée au sol ; elle doit ou périr ou se conformer, s'a-
dapter aux conditions qui lui sont faites.

Voyez ce qu'il advient des graines lourdes, glands, faînes,
châtaignes, tombées en masse au pied de l'arbre qui les a
produites. Beaucoup germent, sans doute, mais leur développement s'arrête bien vite dans un sol déjà envahi par des
racines vigoureuses, sous un toit de feuilles qui fait trop
rare la lumière.

L'ombre de la mère, si douce au jeune oiseau, est terrible
à la jeune plante.

La graine d'une espèce grimpante qu'un oiseau laisse
tomber loin de tout support, celle d'une plante parasite portée

dans un lieu où ne pousse aucun végétal dont elle puisse faire sa proie, germent sans difficulté puisqu'il ne s'agit que de modifier les réserves placées sous leurs enveloppes par la plante-mère et de les transformer en un nouvel être ; mais celui-ci, à peine né, ne peut utiliser ses organes dans les conditions qui lui sont faites : racine, tige, feuille, l'une après l'autre, se flétrissent.

Parfois, un hasard heureux sauve la graine. Celle d'une plante terrestre que lance à l'eau le vent peut aborder à la pointe d'une île à l'humus abondant et devenir, en ce lieu fortuné, la souche d'une végétation puissante..

Le gland, dans sa chute, peut rouler sur une pente, être poussé par le pied du promeneur, s'éloigner des autres semences de son espèce et atteindre un endroit propice ; il peut être transporté par un écureuil dans une cachette où il sera ensuite oublié et germera en paix.

La dure semence du Lierre tombée loin d'un tuteur donne une plante qui, ne pouvant grimper, rampe jusqu'à ce qu'elle atteigne le mur ou le tronc d'arbre qui doit la conduire à la lumière ; elle en tente aussitôt l'audacieuse escalade à l'aide de ses crampons.

Cette graine de Muflier qu'a portée la tempête au sommet d'un mur, en un recoin où les ans ont, à grand'peine, réuni une pincée de terre, y germera ; sa tige croîtra et portera des fleurs, malgré la pénurie d'eau.

Ainsi quelques plantes résolvent le difficile problème de vivre en des conditions fort différentes de celles auxquelles leur hérédité les prédisposait ; elles se modifient, se transforment, deviennent des ancêtres ayant créé dans le règne végétal de nouveaux modes d'existence.

Portées et fixées par quelque accident sur la rude écorce d'un arbre, combien de semences sont mortes avant qu'une se soit trouvé qui ait pu germer ainsi entre ciel et terre et donner naissance à la vie sur les arbres, à l'*épiphytisme !*

Le Gui n'a pas toujours occupé une aussi haute situation

qu'aujour-
d'hui ; ses
racines,
avant d'al-
ler cher-
cher au
cœur des
branches
une sève
toute prête
ont dû pen-
dant bien
des siècles
aspirer,
suivant le

Fig. 4.
Curieuses sont
les attitudes
de germination
des Érables. La
tigelle soulève
hors du sol
l'aile membra-
neuse de dissé-
mination (1. à
gauche) qui
tombe bientôt.
La jeune plante,
se dresse, abri-
tant sous le té-
gument de la
graine ses coty-
lédons repliés
(1. à droite),
qui se déroulent
enfin (1, au mi-
lieu). A leur
fourche vont se
développer les

premières feuilles. — D'un tubercule, comme d'une graine, peuvent naître de nouvelles plantes ; ainsi se multiplie la Morelle tubéreuse, ou Pomme de terre (2).

mode habituel, et transformer par le travail de leurs cellules, les sucs de la terre nourricière.

La fécondité végétale.

La naissance des plantes est entourée d'obstacles ; le germe qui vient à bien est l'exception. La plante a prévu, semble-t-il, cet inévitable déchet ; d'ordinaire c'est par centaines qu'elle forme des graines, parfois même comme les Orchidées de nos régions, comme les Digitales et les Scrofulaires, par centaines de mille !

Le Mouron, ce pain quotidien des oiseaux de nos volières, porte des graines jusqu'à sept et huit fois dans l'année sans être interrompu même par l'hiver et il peut donner des graines mûres six semaines après qu'il a été semé. Cette étonnante fécondité rappelle celle d'insectes, comme les pucerons, dont les générations se succèdent pendant toute la belle saison.

Innombrables sont les spores des Mousses, des Fougères et des Champignons et, comme si ce n'était pas assez de la reproduction pour assurer la perpétuité de l'espèce, il est des plantes qui se dissocient, en donnant d'autres individus à l'aide de tubercules, comme la Pomme de terre (fig. 4), de caïeux comme le Lis, de bulbilles comme la Ficaire ou encore, comme le Fraisier, émettent des rejets qui rampent et s'enracinent.

Le développement des bulbilles et même parfois la germination des graines peuvent, pendant les hivers chauds et humides, commencer sur la plante même et s'achever à terre où la jeune racine s'enfonce et se ramifie.

Étonnante vitalité des graines.

Mais à côté des difficultés que beaucoup de semences ont à s'animer et de l'extermination qui s'en fait chaque année, il est nécessaire de noter la résistance de quelques-unes d'entre elles aux agents extérieurs, l'extraordinaire vitalité qui leur permet d'attendre pendant un temps énorme des conditions favorables et les avantages que présentent pour elles ces précieuses facultés dans la lutte pour l'existence.

Quand au cours de leur développement les semences du Blé, de l'Orge, du Chanvre, etc., viennent à manquer d'eau, les plantules peuvent, sans périr, attendre pendant plusieurs jours le retour de l'humidité ; elles continuent alors à croître.

Tour à tour grillées par les étés, gelées par les hivers, enfouies au fond des lacs, roulées par l'eau des fleuves ou par les vagues de la mer, des graines continuent à vivre. Un peu de vase prise au fond d'un étang et, dans un pot, placée en lieu chaud donne toujours une abondante végétation.

C'est un fait bien connu que dans l'année qui suit la coupe d'un bois, toute une flore s'épanouit dont aucune trace n'existait auparavant. Des Ronces aux tiges férocement armées arrêtent le promeneur ; la Douce-amère s'enroule autour des jeunes arbres çà et là laissés ; un épais tapis de Fraisiers et de Véroniques couvre le sol ; des Millepertuis dressent orgueilleusement au soleil leurs fleurs dorées et des Digitales, leurs hampes garnies de corolles tubulées.

L'année suivante, le taillis a poussé, la végétation herbacée est moins variée ; elle disparaît peu à peu à mesure que l'ombre s'accroît. Huit à dix ans plus tard quand les arbres tomberont de nouveau sous la cognée des bûcherons, quand la douce chaleur du soleil pénétrera la terre, les graines qui y sont restées germeront et donneront, en pleine lumière, un inextricable amas de branches, de feuilles et de fleurs.

CHAPITRE II

ENVELOPPES ET FOURRURES

Pour protéger leur corps contre les agents extérieurs, tous les êtres vivants ont des tissus spéciaux : les animaux ont la peau ; les arbres ont l'écorce. Tendre et nue chez l'homme, épaisse et ridée chez l'éléphant, couverte de poils chez la plupart des mammifères, d'écailles chez les reptiles, visqueuse chez la grenouille, la peau contribue beaucoup à l'aspect général des animaux. La variété n'est pas moindre dans les écorces ; elles n'influent pas moins sur l'expression de la plante.

L'écorce, peau des arbres.

L'écorce de la jeune tige, mince et verte, nourricière par la chlorophylle qui la garnit, est protectrice par son épiderme dont la paroi en contact avec l'atmosphère est imperméable. Ce revêtement subit dans sa structure des modifications considérables sous l'influence du milieu qui l'environne ; il est tantôt plus mince, tantôt plus épais, parfois brillant et comme vernissé, souvent recouvert d'un feutrage de poils.

Chez les plantes ligneuses, cette écorce primitive, d'ordinaire disparaît vite, éclatant sous la poussée des tissus internes dont elle ne peut suivre la croissance. Il faut aux géants des téguments autrement épais et rudes, capables de les défendre contre les chocs qui rompent fibres et vaisseaux, contre l'air qui les dessèche et contre l'eau qui les pourrit.

Des tissus nouveaux se forment dont les cellules durcissent leurs parois ; du liège apparaît qui remplace l'épiderme, fournit à l'arbre une cuirasse à sa taille et donne à l'écorce son aspect et sa couleur.

L'imperméabilité du liège est nécessaire à la protection ; mais, continue, elle s'opposerait aux échanges

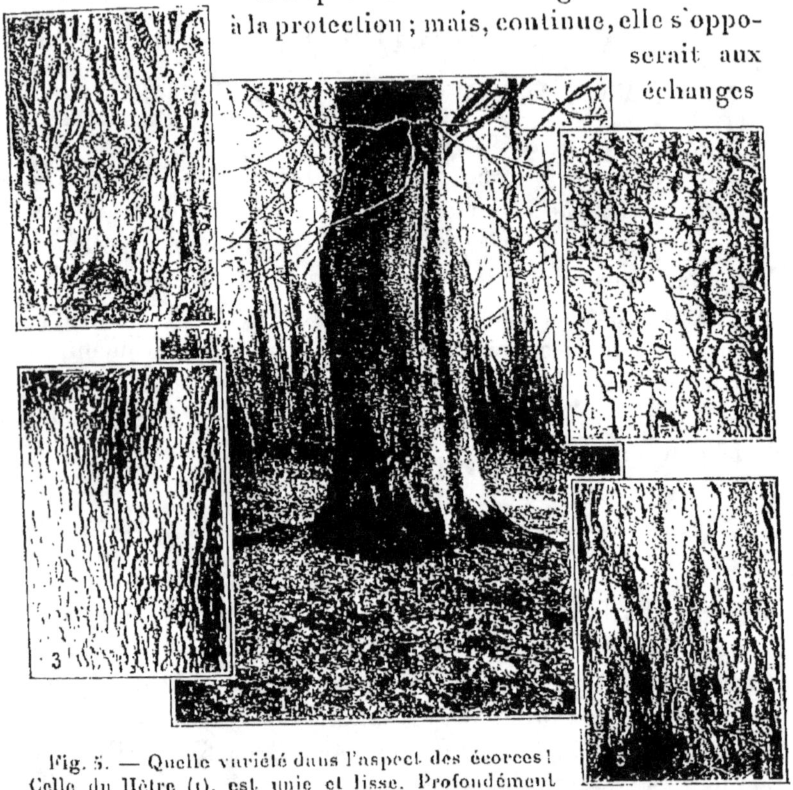

Fig. 5. — Quelle variété dans l'aspect des écorces ! Celle du Hêtre (1), est unie et lisse. Profondément ridées sont celles du Peuplier noir (2) et des vieux Chênes (3). L'écorce du Marronnier d'Inde est couverte de sillons arrondis et celle du Pin sylvestre, (5) de plis longitudinaux.

gazeux : comme la peau a ses pores et l'épiderme ses stomates, le liège a les lenticelles.

De même, que les autres parties de la plante, l'écorce évolue, se modifie, et, jusqu'à sa mort, est en continuelle transformation.

A la simple inspection des écorces, le paysan reconnaît

les essences. Quelle variété dans la forêt grâce à leurs nuances et quels contrastes, l'hiver surtout, quand le toit des feuillages ne projette pas son ombre épaisse ! Les écorces sombres du Chêne (fig. 5), du Tilleul, de l'Ormeau, qui donnent à ces beaux arbres leur aspect sévère, font ressortir les gris délicats des écorces des Hêtres et des Charmes.

Parfois, par une trouée, dans la clairière, un rayon de soleil fait briller d'un vif éclat l'écorce satinée des blancs Bouleaux et les transforme en troncs d'argent.

Les Hêtres (fig. 5), même parvenus aux extrêmes limites de la vieillesse, conservent un air de vigueur et de jeunesse grâce à leur écorce d'un si beau gris, unie et lisse comme la peau d'un enfant. Aussi la tentation est grande pour le promeneur du dimanche, en rupture d'atelier ou de magasin, de graver son nom sur cette page qui durera plus que lui. Dans les forêts qui environnent Paris, pas un grand Hêtre qui, jusqu'à la hauteur où le bras peut atteindre, ne soit transformé — colonne Vendôme de la niaiserie — en un livre couvert d'initiales, de dates et aussi de promesses que le temps grave plus profondément dans l'écorce à mesure qu'il les efface dans les cœurs.

Rajeunissement périodique des écorces.

Une écorce aussi unie, d'apparence aussi jeune, est rare chez les arbres âgés. Chez la plupart, à mesure que grossit le tronc, les parties mortes du tégument, les plus externes, incapables de se dilater, se détachent, mettant à nu des tissus jeunes et de tons plus clairs.

C'est par lambeaux, qui suivent toute la longueur de la tige, que tombent la vieille écorce de la Vigne et aussi celle des Clématites, lianes de nos forêts qui, du haut des troncs à l'automne, pendent, ressemblant à des câbles gigantesques qu'un long usage a effilochés. Les Ifs, les Pommiers, par plaques se dépouillent. Le Platane, avec ses larges squames irrégulières, qui tombent d'un bout à l'autre de l'année et panachent son tronc de toute la gamme des bruns et des jaunes, a toujours l'air atteint d'une dermatose chronique.

Par copeaux annulaires se détachent les couches externes de l'é-

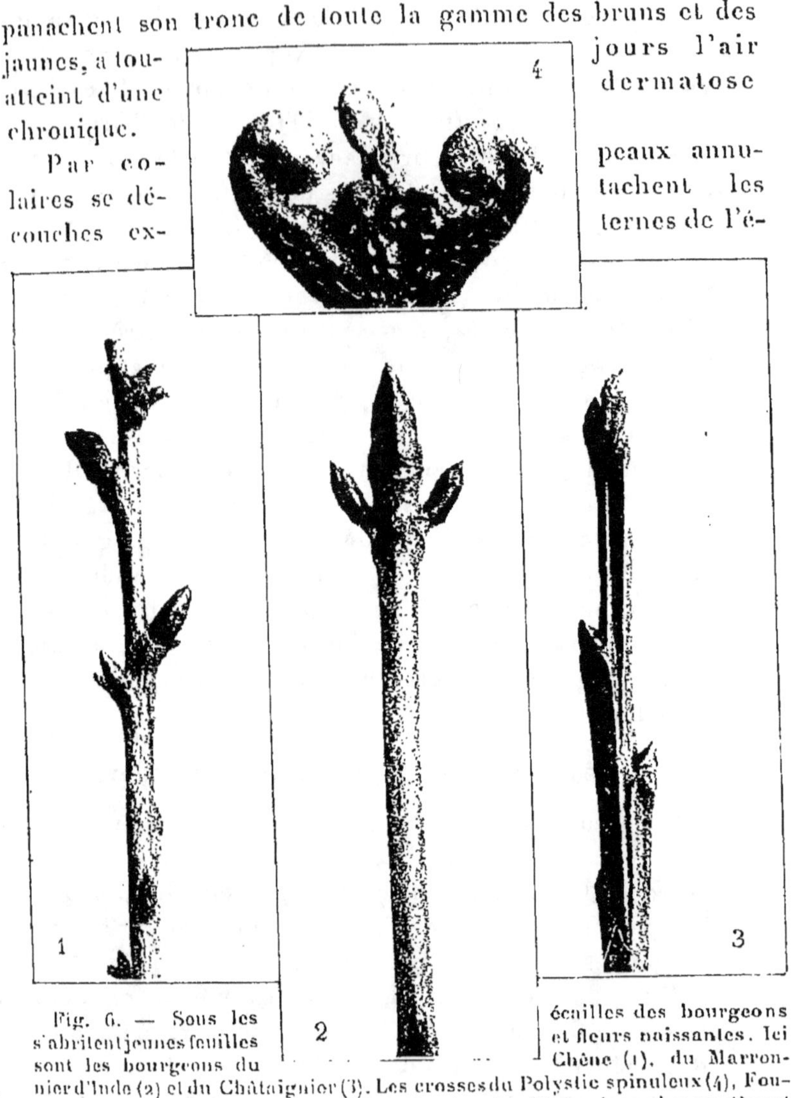

Fig. 6. — Sous les écailles des bourgeons s'abritent jeunes feuilles et fleurs naissantes. Ici sont les bourgeons du Chêne (1), du Marronnier d'Inde (2) et du Châtaignier (3). Les crosses du Polystic spinuleux (4), Fougère de nos bois, sont la forme initiale des frondes découpées qui se protègent par l'enroulement.

corce des Cerisiers, si luisante et si fine. Pendant sa

première enfance, jusqu'à trois ou quatre ans, le tronc du Bouleau est lisse et brun ; des feuillets annulaires, extrêmement minces, commencent à s'en séparer, sous lesquels se montre une écorce nacrée, que l'air qui gonfle ses cellules peint en blanc d'argent. Au cours des saisons, souillée par les poussières de l'air, verdie par les Lichens, elle tombe et, chaque fois, laisse apparaître un nouveau vêtement d'un blanc immaculé. Vers la vingtième année, le blanc devient sale, fonce de plus en plus, l'écorce s'épaissit, prend une teinte noirâtre et se fendille. Cet envahissement par les rides commence par le bas du tronc et gagne peu à peu les parties plus jeunes jusqu'aux premiers rameaux.

Chez beaucoup d'arbres, toute l'écorce reste adhérente mais se crevasse. Le Chêne-liège, au bout de quelques années est revêtu d'un épais manchon de tissus morts dont l'homme, périodiquement, le débarrasse. L'écorce envahissante des Ormes subéreux, irrégulièrement épaisse, creusée de vallées et de montagnes, enlève aux branches toute forme régulière. Le Marronnier d'Inde (fig. 5) se couvre de sillons arrondis isolant des écailles rugueuses, mais dans la plupart des troncs, Tilleuls, Chênes, Ormeaux, Peupliers noirs (fig. 5), Pins (fig. 5), Robiniers, les sillons sont longitudinaux. Ils apparaissent de bonne heure et, plus l'arbre croît, plus ils deviennent nombreux et profonds comme les rides sur la peau d'un vieillard, plus l'écorce devient épaisse, plus elle a l'air serrée autour du tronc. Plus tard elle se couvre de verrues, de loupes ; de grandes fissures s'y produisent, permettant l'action de l'air, de l'eau, des microbes, des parasites de toutes sortes qui envahissent les tissus qu'elle avait si bien protégés jusque-là ; c'est la décrépitude et bientôt la mort.

Bourres, écailles et duvet des bourgeons.

La plante est entourée d'une enveloppe générale qui la protège contre les agents atmosphériques et les attaques des ennemis de l'extérieur ; il lui faut des coques épaisses, des fourreaux compliqués pour abriter, dans le fruit, les graines qu'elle a formées pour la continuer à travers les siècles ; mais, sur son grand corps ramifié, il existe une foule de points végétatifs, au repos pendant une partie de l'année, et dont la grande fragilité, la délicatesse extrême, ont besoin d'être défendues contre la sécheresse ou contre la pluie, contre le froid ou l'ardeur du soleil, contre l'insecte aux mandibules acérées qui passe en volant dans l'air et même contre le caillou à l'arête aiguë qui gît dans le sol : c'est la pointe de la tige qui s'élève dans l'air ; c'est celle de la racine, dans la terre qui oppose maints obstacles à sa pénétration ; ce sont les ébauches de feuilles dans le bourgeon groupées ; c'est la jeune fleur repliée dans le bouton. Pour mettre à l'abri tous ces points vulnérables, la plante multiplie les enveloppes, coiffe, écailles, bractées, périanthe ; prodigue les bourres laineuses, les poils veloutés, les duvets soyeux, les plus chaudes fourrures.

Les arbres des régions tropicales ignorent ces protections ; l'année y est un été continuel ; leurs jeunes pousses, n'ayant rien à craindre, sortent des bourgeons et croissent avec une rapidité qui tient du prodige. Chez nous, formé dès l'automne aux dépens des réserves utilisables, le bourgeon comme la graine, va subir un long repos avant de parfaire son développement. Nos hivers ont de fréquentes périodes de gelées ; nos printemps ont des caprices qui font parfois se succéder des nuits glaciales et des jours brûlants ; alors le bourgeon, comme nous-mêmes, ne sait s'il doit rester couvert ou se dévêtir ; encore n'y risquons-nous qu'un rhume ; lui, la vie.

Ne pouvant résister à l'action solaire, il se découvre, mais avec une sage lenteur, comme à regret, ne laissant épanouir les jeunes feuilles dont il avait la garde que quand tout danger semble conjuré.

Les Viornes et les Bourdaines se bornent à recouvrir leurs nouvelles pousses d'un abondant feutrage de poils ;

mais la plupart des plantes ligneuses joignent à ce vêtement de laine la protection d'écailles. Ce ne sont pas des organes nouveaux, mais bien les feuilles les plus externes du bourgeon qui se sont organisées pour la protection de leurs sœurs et qui, lorsque celles-ci s'épanouiront dans leur fraîche parure verte et auront devant elles une longue existence — six mois d'air et de lumière ! — tomberont sur le sol, victimes du devoir, ou si l'on préfère, du hasard qui les fit naître à l'extrémité du futur rameau.

Si on enlève ces écailles à la fin de l'hiver, le bourgeon meurt souvent, mais parfois les écailles les plus internes, ainsi mises à nu, se durcissent et remplacent les disparues.

Les écailles sont dépourvues de stomates, ce qui supprime toute transpiration nuisible pendant l'hiver ; elles sont formées de cellules à parois épaisses. A leur chute, elles laissent sur la tige des cicatrices en formes d'anneaux dont le nombre est un calendrier qui fixe l'âge d'une branche.

Les plantes aquatiques elles-mêmes, placées dans un milieu à température moins variable que l'air, entourent leurs jeunes pousses et leurs bourgeons de matières mucilagineuses, analogues au mucus dont s'enveloppent les poissons et jouant, sans doute, le même rôle d'isolement.

Chez les Robiniers et les Platanes, les bourgeons axillaires ont non seulement l'habituelle défense écailleuse, mais de plus sont enfermés dans une petite chambre formée de la substance même du bois ; ils ne deviennent visibles qu'au moment où ils commencent à se développer.

Formes variées des bourgeons.

Chez la plupart de nos arbres, ils sont apparents dès l'automne et, en l'absence des feuilles, contribuent à donner à chacun d'eux sa physionomie particulière par leur place sur la branche, par leur mode de groupement et aussi par leur forme, par leur aspect et leur couleur. Globuleux chez le Fusain et le Noisetier, aigus chez le Troène, l'Orme et le Bouleau, ils sont, chez le Hêtre, roulés en un étroit et long cornet. Ceux des Alisiers sont verts avec une bordure brune ; il en est de jaunes ou de teinte feuille morte ; beaucoup ont des nuances sombres : les curieux bourgeons des Frênes terminent chaque branche par un chaperon de velours noir (fig. 8).

De tous nos bourgeons, les plus beaux sont peut-être ceux du Marronnier d'Inde (fig. 9) quand, au clair soleil, brillent leurs cuirasses bronzées. Une résine les enduit sur laquelle, comme sur le suroit d'un matelot, glissent l'eau et la neige ; quatre rangs d'épaisses écailles leur font une carapace résistante à souhait ; une bourre cotonneuse de teinte jaunâtre, chaud vêtement de fourrure, couvre les jeunes feuilles. Sous cette triple enveloppe, elles peuvent, en toute sécurité, dormir leur sommeil hibernal et, au printemps, subir l'élaboration mystérieuse et lente qui, de ces ébauches informes, fera le gracieux éventail des feuilles pendantes et la grappe orgueilleuse des fleurs dressées.

Enveloppes protectrices des boutons floraux.

Plus encore que la feuille, parce que plus tendre et plus délicate, la fleur a besoin de protection ; ses tissus fragiles craignent le froid ou la chaleur, la pluie ou la sécheresse, suivant l'époque où ils se forment ; le vent, toujours. C'est surtout quand elle apparaît de bonne heure, quand, avant son épanouissement, elle doit subir les gelées, que la plante l'entoure de soins, l'élève dans du coton, lui prodigue manteaux et douillettes, enveloppes et fourrures.

Dans le Lilas, le Marronnier, d'autres encore, feuilles ordinaires et feuilles florales, ébauchées en un même bourgeon, grandissent ensemble à l'abri du même toit d'écailles ; les jeunes fleurs sont toujours au centre de la forteresse, dans la partie la moins exposée aux coups de l'hiver.

Mais, souvent, c'est isolée en un bouton que la fleur subit sa période d'élaboration. Globuleux chez la Mauve, allongé

chez l'Œillet, ovoïde et pointu chez l'Églantier, le bouton
floral, élégant et gacieux comme la fleur qu'il annonce,
comprend, quelle que soit sa forme,
un périanthe en- tourant les jeunes
étamines et le naissant ovaire.

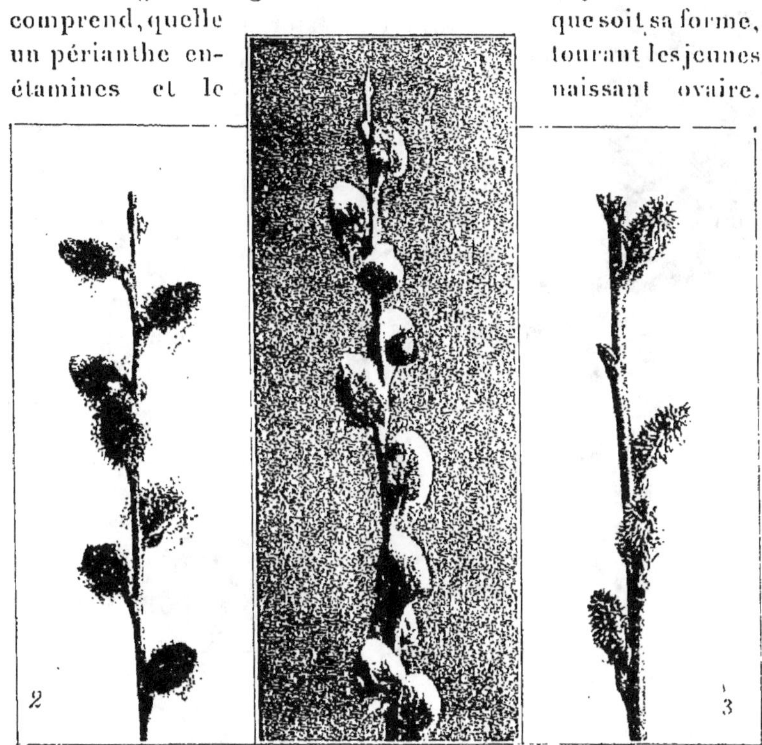

Fig. 7. — Pour toute enveloppe, les fleurs des Saules n'ont qu'une écaille ;
mais serrées dans leur épi en cône (1), séparées par une bourre blanche,
chaude fourrure, elles bravent l'hiver. Le soleil de mars écarte ces filaments et fait saillir l'or des étamines (2) ou le vert tendre des carpelles (3).

Sa partie la plus externe, le calice, verte presque toujours,
épaisse souvent, couverte de poils et de duvets, parfois aussi
d'épines, est essentiellement protectrice ; l'autre, fort peu
remarquable pour l'instant, sera ce qu'au monde il y a de
plus beau : une corolle. Ces pièces enveloppantes ont, dans
le bouton, des positions variées ; parfois, elles ne se touchent que par leurs bords, tantôt — ce qui augmente la

sécurité des organes centraux — elles se recouvrent, s'imbriquent, se reploient de cent manières.

Ainsi, avant d'étaler son entonnoir d'albâtre, la corolle du Liseron est plissée comme une bourse de cuir ; celle des Pervenches, si régulière et d'un bleu si doux, est tordue comme une pointe d'estompe ; celle du Coquelicot, sortant de l'étroit

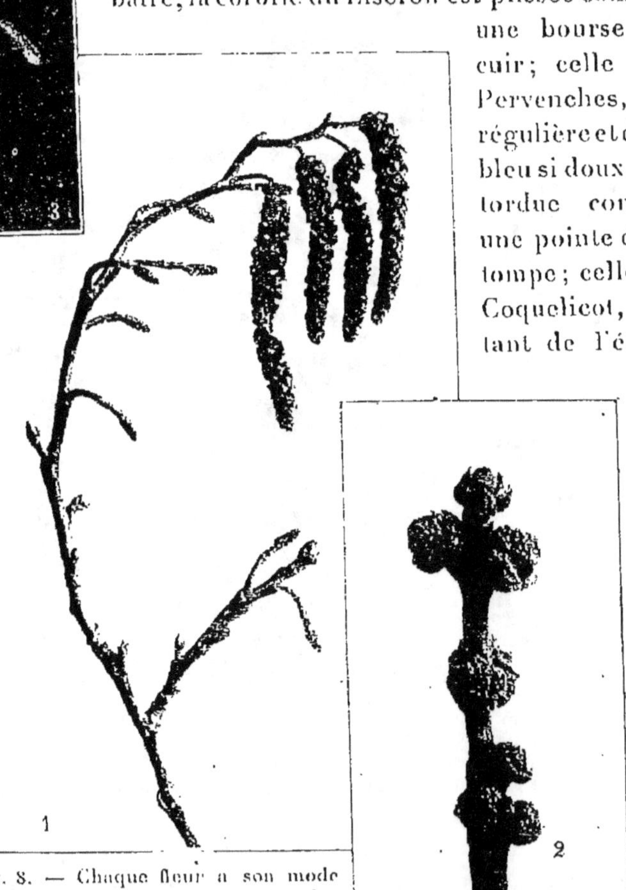

Fig. 8. — Chaque fleur a son mode de protection contre le froid. Chez les Aunes (1) les fleurs mâles sont étroitement serrées, en chatons pendants ; les fleurs femelles, en petits cônes rigides. Les fleurs des Frênes (2) sortent d'un fourreau de velours noir et celle de la Perce-neige (3), de la bractée qui, maintenant, la surmonte.

fourreau du calice, comme d'un bonnet vert une grosse

tête rouge, montre des pétales chiffonnés ainsi qu'une étoffe précieuse par un rustre serrée en une boîte trop petite.

Les fleurs qui s'ouvrent au début de l'hiver, celles qui n'ont qu'une seule enveloppe bien constituée, par leurs propres moyens ne peuvent se défendre et font appel aux feuilles voisines. Les ombelles des Carottes (fig. 13), les capitules des Marguerites sont entourés par une couronne de bractées qui les protègent dans le jeune âge.

Les Anémones de nos bois, la blanche Sylvie (fig. 12), la violette Pulsatille, n'ont pas de calice mais, recouvrant leurs boutons, sont trois feuilles découpées, chaud vêtement que quitte la fleur sur son pédoncule grandissant et qu'on retrouve au-dessous d'elle sous forme d'une élégante collerette. Les jeunes fleurs des Perce-neige (fig. 8) et des Narcisses (fig. 12) bravent les averses et la bise, enfermées qu'elles sont, comme une perle en son écrin, dans un sachet robuste qui s'ouvre ou se déchire pour permettre l'épanouissement.

Les fleurs nues, c'est-à-dire sans calice, ni corolle, ne sont pas toujours les moins bien pourvues. L'Arum tacheté (fig. 51) ami des lieux pleins d'ombre, a ses fleurs groupées en un étrange épi rigide et dressé comme un mât, portant en bas les pistils; plus haut, les étamines. Un grand cornet vert les entoure, d'abord étroitement serré, puis se déroulant peu à peu et montrant à la fin le sommet violacé de l'épi.

Pauvres fleurs que celles des Saules! Réduites à une écaille portant les étamines ou le pistil, elles semblent peu faites pour résister au froid; cependant, voyez comme elles sont serrées les unes contre les autres dans leur épi en cône, presque globuleux; entre elles est une bourre, chaude fourrure, leur donnant l'aspect de gros flocons de neige appendus aux rameaux gris, bruns ou pourpres; ces filaments ne s'écartent qu'au moment propice, laissant saillir l'or des étamines ou le vert tendre des carpelles (fig. 7).

Les longs chatons qui, semblables à de grosses chenilles

rouges et blanches, ondulent et frissonnent aux branches des Peupliers, portent aussi ce duvet protecteur. Et les glumes, barbues ou non, qui séparent les fleurs dans les délicats épis des Graminées, et la cupule qui entoure celles du Hêtre, du Noisetier et du Chêne et qu'on retrouve encore dans la faîne, la noisette et le gland ; et les pétales de la Vigne qui, soudés entre eux en forme d'éteignoir, protègent étamines et carpelles, puis tombent, les laissant à découvert quand l'heure est venue ! Il faudrait tout citer !

Et quand le fruit est formé, les moyens de protection deviennent plus efficaces encore : « Voyez, dit Rabelais, comment nature, voulent les plantes, arbres, arbrisseaulx, herbes et zoophytes une fois par elle créez, perpétuer et durer en toute succession de temps, sans jamais dépérir les espèces, encore que les individus périssent, curieusement arma leurs germes et semences, ès quelles consiste icelle perpétuité, et les a muniz et couvers par admirable industrie de gousses, vagines, testz, noyaulz, calicules, coques, espez, pappes, exorces, échines poignans... L'exemple y est manifeste en poix, fèbves, fascolx, noix, alberges, cotton, colocynthes, bleds, pavot, citrons, chastaignes, toutes plantes généralement, ès quelles voyons apertement le germe et la semence plus estre couverte, munie et armée qu'autre partie d'icelles. »

Plusieurs siècles plus tard, Bernardin de Saint-Pierre montre aussi de quelle progression de soins et d'attention la formation du fruit est entourée. « Et quand il est une fois formé, la nature redouble de précautions au dedans et au dehors pour sa conservation. Elle lui donne un placenta, elle l'enveloppe de pellicules, de coques, de pulpes, de gousses, de capsules, de brou, de cuirs et quelquefois d'épines ; une mère n'a pas plus d'attention pour le berceau de son enfant. »

CHAPITRE III

LA FEUILLE

« Les feuilles des plantes que nous foulons aux pieds, dit Ruskin, présentent les formes les plus bizarres et semblent ainsi nous inviter à les examiner. Elles sont étoilées, cordées, lancéolées, sagittées, découpées, dentelées. Elles prennent l'aspect de spirales, de guirlandes, d'aigrettes. En un mot. elles varient à l'infini ; et, tour à tour expressives, décevantes, fantastiques même, elles semblent avoir eté créées pour tenter notre curiosité et pour exciter continuellement notre étonnement et notre admiration. »

Non, la feuille n'a pas été créée pour charmer l'œil de l'homme ; tout organisme travaille pour lui-même et non pour les autres. Ses formes, ses dimensions, sa structure sont en relation avec les besoins de la plante qui la porte ; organe de respiration, de nutrition dans lequel la nourriture gazeuse vient au contact de la sève et la transforme, son rôle est aussi prosaïque que celui d'un poumon ou d'un estomac, mais en quoi cela diminue-t-il sa beauté ?

Importance de la feuille dans l'aspect des arbres.

Irritable, mobile à la fois sous l'action des agents extérieurs et de ses énergies internes, la feuille est ce qu'il y a de plus vivant dans la plante ; elle contribue à donner à chacune son caractère, son aspect particulier ; elle est un des principaux éléments du paysage.

La « voix » des arbres agités par le vent, c'est la sienne propre dont l'accent varie avec sa forme, ses découpures, son mode d'attache. L'arbre s'anime et vit quand la brise doucement balance ses feuilles ou quand la tempête les froisse et les fait se heurter d'une façon folle.

Le feuillage, malgré l'isolement de chacun de ses éléments qui baigne librement dans l'air, forme des masses étagées se renflant les unes sur les autres avec des percées de lumière qui les divisent ; il se comporte comme une masse gazeuse et son modelé ressemble étonnamment à celui d'un nuage ; il en est de légers et clairs comme les cirrus, d'arrondis comme les cumulus, de confus et noirs comme les nimbus.

Le feuillage est le principal élément de la forme de l'arbre ; pendant tout l'été lui seul apparaît, masquant le squelette des branches qui le supportent et modelant seulement ses grandes masses.

Il existe d'ailleurs un rapport entre la forme de chaque feuille et celle du végétal entier. L'arbre à feuilles arrondies, comme le Tilleul, présente des formes rondes, des courbes molles ; le Chêne, aux feuilles découpées avec plus de vigueur que de grâce, est l'image de la puissance, ses masses sont fortement accusées ; les Conifères aux feuilles aiguës forment un ensemble pointu. N'est-ce pas à ses feuilles fines, petites, écartées, que le Bouleau doit en grande partie, sa légèreté ? Les feuilles dentelées du Charme (fig. 9), de contour si pur, si gracieusement plissées quand elles sont jeunes, disent la grâce de l'arbre ; les grandes feuilles des Châtaigniers, allongées, groupées en bouquets étagés, donnent à ces géants un aspect de vie et de force.

Et que dire des nuances des feuillages sur les divers arbres et quand se succèdent les saisons ; vert jaune du Bouleau, vert franc du Charme, vert clair des Saules, vert bleu du Hêtre, vert foncé du Chêne, vert sombre des Cyprès ? Et les reflets, l'éclat des épidermes brillants, chargés de cire, qui, comme des miroirs, sous certaines incidences, renvoient les rayons solaires !

Par l'évolution de ses feuilles, au cours de chaque année, l'arbre parcourt les quatre âges de la vie. C'est, au printemps, l'éclosion des bourgeons et leurs nuances si tendres où le jaune domine, à peine coupé de vert; c'est un balbutiement, une ébauche; c'est l'enfance. Puis la feuille verdit, devient plus large, envahit tout, masque la charpente des branches, c'est la jeunesse et son exubérance ; puis, bientôt, la maturité. Mais voici — premier cheveu blanc — la première tache jaune ; la feuille est moins fraîche, moins brillante, se couvre de rides ; puis, c'est, dernière parure, la poésie des colorations automnales, toute la gamme des jaunes, des rouges, des fauves et des dorés; enfin, la vieillesse, la décrépitude, la chute, la mort, laissant apparaître un puissant squelette sur lequel déjà se forment les bourgeons où s'élaborent lentement les feuilles qui, au printemps prochain, redonneront au vieil arbre une nouvelle jeunesse.

Les raisons de la forme des feuilles.

Mais il est temps d'abandonner cette intéressante question de l'expression et de la physionomie végétales pour étudier de plus près, avec l'œil du botaniste et non avec celui du peintre ou du poète, les phénomènes de la vie de la feuille.

Peut-on expliquer ses dimensions, sa forme et son mode de disposition sur la tige ?

On peut l'essayer tout au moins.

John Lubbock, qui a beaucoup étudié cette question, affirme que les dimensions de la feuille sont d'ordinaire proportionnelles au diamètre du rameau qui la porte, en tenant compte, d'une part, de la résistance du bois et, d'autre part, du poids de la feuille.

La forme de la feuille est déterminée par la longueur des entre-nœuds et par la résistance du rameau, de telle façon que l'organe vert reçoive la plus grande quantité possible d'air et de lumière. Si l'on place les feuilles d'un arbre

sur les branches
d'un autre ar-
bre, on est éton-
né de voir com-
bien ce change-
ment donne de
mauvais résul-
tats ; il y a des
recouvrements,

Fig. 9 — La forme,
la structure des feuilles
sont en rapport avec
les besoins de la plante. Les feuilles du Charme (1), celles du Marronnier
d'Inde (2), si gracieusement plissées quand elles sont jeunes, sont minces et
tendres. Celles du Buis (3) qui passent l'hiver, ont un épiderme épais et
luisant.

des vides, des espaces perdus qui font que ce *feuillage imaginaire* utilise beaucoup moins l'espace et la lumière que son feuillage réel. C'est donc en vain que l'homme essaierait d'en remontrer à la nature, aux forces qui font la feuille telle qu'elle est; nous les traitons d'aveugles, elles savent pourtant mieux que nous ce qui convient au bien de chaque espèce.

Action de la pluie sur la forme des feuilles.

Comme tous les autres organes, comme les animaux, plus qu'eux encore, puisqu'elle ne peut se soustraire à leur action, la feuille réagit, se modifie et se transforme sous l'action des conditions extérieures.

Voyons d'abord l'action de l'humidité, de la pluie sur la feuille.

Bernardin de Saint-Pierre, passionné pour la botanique, a, dans ses *Études de la nature*, partagé les feuilles en deux groupes de formes très différentes, suivant qu'elles appartiennent à des plantes de montagne, c'est-à-dire éloignées des eaux, ou à des plantes aquatiques ou poussant dans les lieux frais.

D'après lui, les premières sont organisées pour ne rien perdre des eaux qui tombent du ciel; leur limbe est concave, leur pétiole présente une sorte de rainure qui conduit l'eau de la feuille à la branche, de celle-ci au tronc et de là aux racines. Quand il pleut, elles reçoivent l'eau « dans des cornets, des sabots et des burettes », chacune tend « sa large coupe ou sa petite tasse, suivant ses besoins et son poste ». Il est même certain de ces végétaux qui ont la propriété d'attirer l'eau de l'air, comme la Pariétaire, dont les feuilles sont toujours humides. Les feuilles des plantes aquatiques sont, au contraire, unies et lisses (Glaïeul), ou renflées dans le milieu en forme d'épée (Typha), ou planes (Nénufar), ou convexes (Canneberge, Lentille d'eau); d'une manière générale, elles sont agencées pour écarter l'eau des racines (Bouleau, Tremble, Noyer) ; beaucoup d'entre elles ne sont pas mouillées par l'eau (Nénufar, Capillaire).

En réalité, les dispositions protectrices sont loin d'être aussi nettes. L'action des pluies sur la forme des feuilles a fait l'objet des recherches de M. Stahl, professeur à l'Université d'Iéna. Ce savant a montré que, sous l'action de la pluie, les pointes et les dentelures des feuilles s'allongent et s'amincissent, que les feuilles prennent fréquemment une position de suspension verticale, que les nervures se changent en petits godets par lesquels l'eau peut aisément s'écouler et que le duvet habituel tend à disparaître. Ces phénomènes d'adaptation ont pour but de les décharger de leur poids d'humidité, de diriger l'eau vers les racines et d'en débarrasser le haut des plantes, enfin de dessécher rapidement la surface des feuilles, ce qui favorise la transpiration. La disposition la plus caractéristique des feuilles exposées aux saisons pluvieuses est leur allongement en pointe ; dans les forêts tropicales, toutes se terminent ainsi.

Des travaux plus récents mettent en doute l'exactitude des remarques de M. Stahl, et l'on considère aujourd'hui que la protection contre la pluie ne résulte pas surtout de la forme de la feuille, mais de l'apparition de revêtements cireux sur lesquels l'eau frappe et glisse, et de substances antiseptiques qui s'opposent au développement des bactéries.

La sécheresse amène la formation de piquants chez les plantes, ainsi que l'ont montré les expériences de M. Lhotelier. L'observation directe le prouve également : beaucoup de spécimens de la flore désertique sont armés d'épines.

Action de la lumière sur la forme des feuilles.

La lumière, plus encore que l'humidité, modifie la feuille dans sa forme et dans sa structure. Si l'on compare les feuilles de deux plantes de même âge dont l'une a poussé en plein soleil et l'autre à l'obscurité, on voit que celles de la première possèdent beaucoup plus de stomates, un épiderme plus épais, des tissus plus verts, un squelette plus puissant ; elles sont, en somme, plus vigoureuses et leurs échanges avec le monde extérieur sont plus actifs.

Mais s'il faut de la lumière, pas trop n'en faut ; il est des feuilles délicates qui ont trouvé des moyens de protection contre une radiation trop intense : renforcement de la cuirasse épidermique ou apparition dans son épaisseur de matières cireuses ; localisation de stomates au-dessous de la feuille, diminution de leur ouverture qui s'entoure de poils, ce qui immobilise la couche d'air à son voisinage et ralentit la transpiration.

Cette protection contre une trop vive lumière n'est-elle pas évidente dans la disposition des feuilles du Marronnier d'Inde ? Les feuilles les plus jeunes, à peine colorées en jaune, couvertes de poils laineux, fortement plissées, ne craignent rien pour elles-mêmes et pendent en plein soleil ; mais, par leur disposition verticale, elles forment un écran ; les feuilles plus âgées peuvent s'étaler et, à leur ombre, prendre de la force (fig. 9).

Chez d'autres plantes, comme les Joubarbes, on remarque un autre mode de protection, la forme en rosette (fig. 31).

L'étalement du limbe peut être un véritable danger pour certaines plantes, ce qui explique sans doute l'orientation de leurs feuilles aux diverses heures de la journée. Il en est, comme la Laitue scariole, qui s'abritent contre les vivacités du soleil en lui présentant la tranche. Le matin, à une lumière faible, ses feuilles sont orientées perpendiculairement au rayon incident ; quand le soleil est ardent, elles se placent dans un plan vertical et s'orientent vers la source lumineuse : à midi, le plan dans lequel sont situées les feuilles correspond au méridien du lieu ; c'est une plante-boussole.

Le froid continu peut, à certains égards, agir comme la

lumière. D'intéressantes expériences, poursuivies par M. Gaston Bonnier sur des plantes issues de graines sœurs dont les unes ont été semées en plaine et les autres sur les montagnes, ont montré que les secondes ont des feuilles d'un vert plus intense, un squelette plus puissant, une cuirasse épidermique plus épaisse, des bourgeons à écailles plus résistantes ; en un mot, un ensemble évident de caractères protecteurs

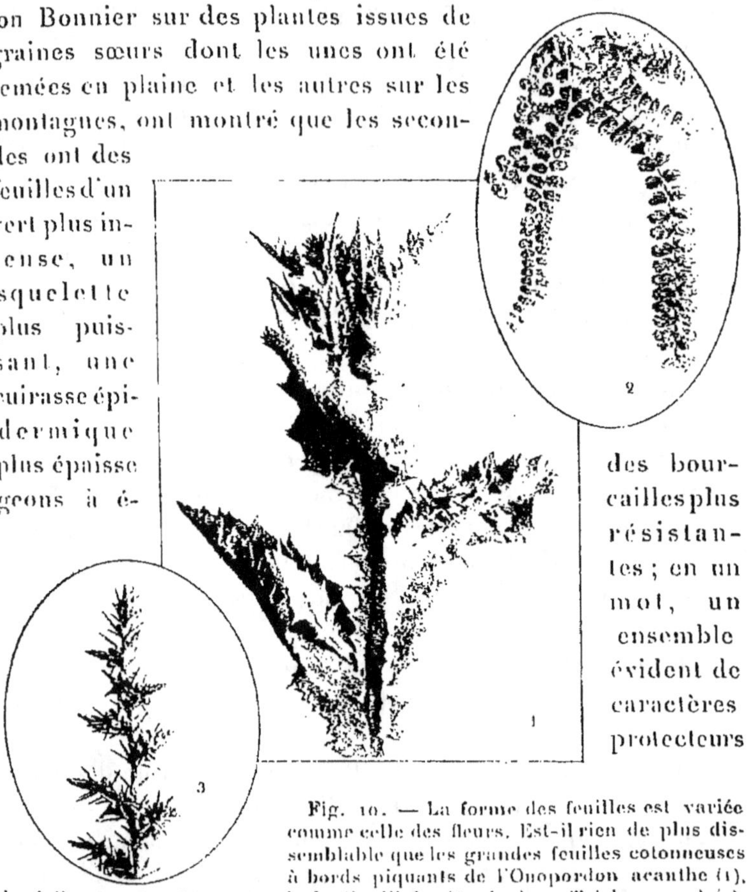

Fig. 10. — La forme des feuilles est variée comme celle des fleurs. Est-il rien de plus dissemblable que les grandes feuilles cotonneuses à bords piquants de l'Onopordon acanthe (1), les jolies frondes découpées de la Capillaire (Asplenium Trichomanes) (2), les feuilles en aiguilles acérées du Genévrier (3)?

dont l'apparition n'a pu être provoquée que par l'action du milieu.

Apologie de la feuille, organe protée.

Dans la vie des plantes, la feuille joue un rôle fondamental ; elle modifie, elle transforme les matériaux bruts qui lui viennent des racines; elle leur enlève l'excès d'eau qu'ils renferment, y combine le carbone qu'elle sait puiser dans l'air, grâce à la chlorophylle, et, dans son vert laboratoire, prépare les aliments que la sève élaborée répartit dans le corps entier du végétal, où ils seront immédiatement assimilés ou mis en réserve pour les besoins futurs.

A qui trouve des matériaux tout préparés dans le sol ou dans le corps d'une autre plante, la feuille est inutile : une cuisine ne sert à rien à qui fait venir ses repas du dehors. C'est pourquoi les *saprophytes*, comme la Néottie nid-d'oiseau, les Monotropes, et les vraies parasites, telles que les Orobanches, sont dépourvues de feuilles ou, tout au moins, en ont de si petites qu'elles ne représentent plus qu'une survivance, utilisée cependant encore pour la protection du bourgeon floral.

Chez l'Asperge, le Fragon épineux ou Petit Houx, (fig. 47) qui n'ont pas la moindre tendance au parasitisme, les feuilles sont aussi minuscules, mais alors les tiges les remplacent qui, vertes et plates, prennent leurs formes et leurs fonctions; ces substitutions d'organes sont des plus fréquentes.

Comme le bon ouvrier dont parle Franklin, qui sait, au besoin, limer avec une scie et scier avec une lime, la nature, avec une simple feuille, sait accomplir les opérations les plus dissemblables ; entre ses mains la lame verte prend toutes les formes et sert à tous les usages, devenant tour à tour une arme, un balancier, un flotteur, un piège, un vêtement. Voyons les transformations de cet organe protée.

Nous parlions tout à l'heure de tiges qui remplacent des feuilles ; ces dernières peuvent, à leur tour, tenir lieu de racines. C'est ce que l'on observe chez la Salvinie nageante, petite plante assez rare dans les eaux stagnantes du sudouest de la France. Ses feuilles sont disposées par trois, dont deux ovales, ordinaires, et la troisième divisée en filaments jouant le rôle des racines absentes.

Bien mieux, les premières feuilles de la Salvinie servent de balancier et lui permettent de se maintenir sur l'eau en l'absence des feuilles submergées qui ne sont pas encore formées.

L'Utriculaire, autre plante des eaux tranquilles, ignore la feuille-balancier, mais possède des feuilles-bouées : très ramifiées, elles sont renflées de place en place en petites outres qui, en juin, se remplissent d'air et allègent la plante qui vient fleurir au jour.

Quand le fruit est formé, l'air disparaît, remplacé par un mucus; la plante s'alourdit et descend au fond de l'eau déposer ses graines. La feuille sert donc ici d'appareil hydrostatique ; c'est une vessie natatoire comparable à celle des poissons.

Il est des feuilles qui, pour défendre la plante contre ses ennemis du dehors et, en particulier, contre les attaques des mammifères herbivores, se transforment totalement ou en partie en épines ; c'est ce qu'on observe chez le Robinier, le Groseillier épineux, l'Épine-vinette. Les épines foliaires des Ajoncs joignent leurs poignards à ceux qu'ont formés les tiges pour transformer la plante en un hérisson redoutable (fig. 11).

Si la rigidité de la feuille en fait, dans certains cas, une arme, sa flexibilité peut en faire un lien, une attache qui permet la vie grimpante. Le pétiole des Clématites s'enroule autour des plantes, s'épaissit, fournit un solide point d'appui d'où la liane prend un nouvel élan pour la conquête de la lumière.

Les Pois, les Gesses, la Bryone, beaucoup de Papilionacées et de Cucurbitacées ont des organes délicats d'une sensibilité extrême, les vrilles, autres productions foliaires, dont l'enlacement est fort rapide.

Les écailles des bourgeons ne sont que les feuilles les plus externes, durcies, imprégnées souvent de matières résineuses qui préservent les jeunes feuilles et les fleurs en formation des injures de l'air pendant le sommeil hibernal. A l'épanouissement, elles tombent, ayant rempli leur rôle (fig. 11).

La feuille-piège se rencontre chez les plantes carnivores. Les petites vessies de l'Utriculaire sont des nasses dans lesquelles s'engagent imprudemment et pé

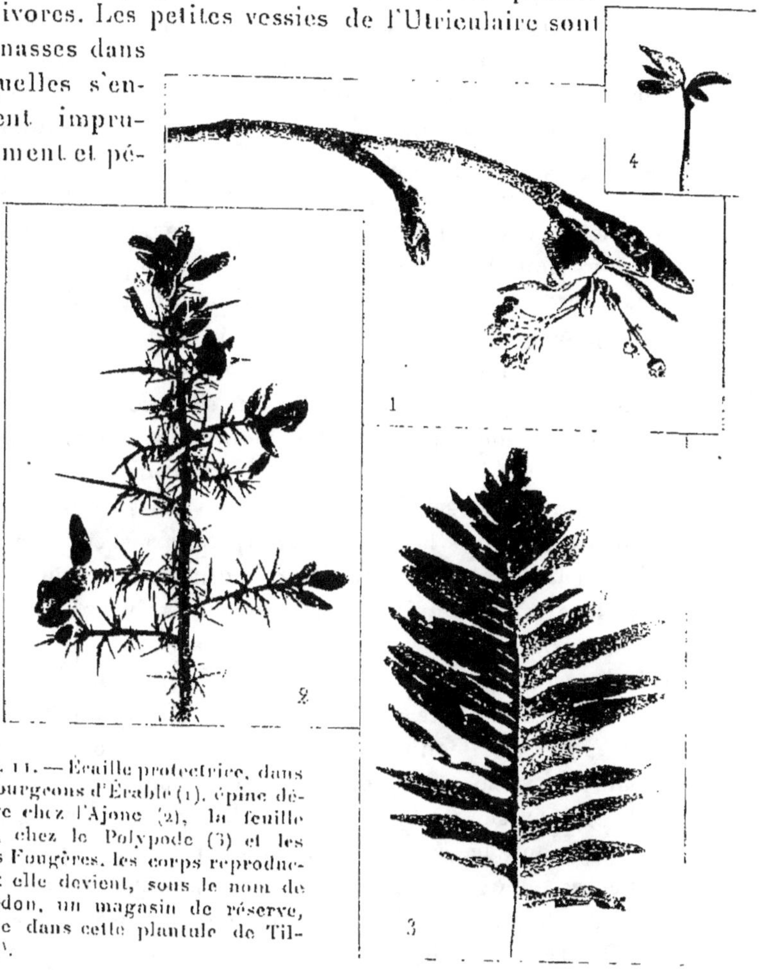

Fig. 11. — Écaille protectrice, dans ces bourgeons d'Érable (1), épine défensive chez l'Ajonc (2), la feuille porte, chez le Polypode (3) et les autres Fougères, les corps reproducteurs ; elle devient, sous le nom de cotylédon, un magasin de réserve, comme dans cette plantule de Tilleul (4).

rissent de mort tragique des larves d'insectes et de très jeunes poissons.

La feuille sert fréquemment de grenier où s'accumulent des substances de réserve qui seront utilisées par la plante quand, aux jours d'abondance, succèdent les jours maigres ou qui, lui permettant de passer l'hiver et de former au printemps de nouveaux organes verts, la rendent vivace. Les bourgeons souterrains, qu'on nomme *bulbes* ou *oignons*, ont pour écailles, groupées autour d'une courte tige, des feuilles nourricières où sont en réserve des sucres et de l'amidon.

Sur les rochers où ils aiment croître, les Sédums redoutent le manque d'eau ; leurs feuilles, qui deviennent épaisses, charnues, font l'office de réservoirs, se remplissent du précieux liquide et assurent un ravitaillement suffisant pendant les longues périodes de disette (fig. 31).

Les réserves faites par la plante pour elle-même ne sont pas les seules ; il en faut encore pour sa descendance.

Les cotylédons, qui, chez beaucoup de graines de Phanérogames, contiennent l'unique nourriture que dévorera l'embryon pour se développer, sont aussi des sortes de feuilles qui, après la germination, apparaissent souvent à l'air, verdissent, mais diffèrent d'ordinaire, par leurs formes plus simples, des feuilles véritables qui suivront (fig. 11).

La feuille, organe nutritif par essence, peut jouer un rôle dans la reproduction. Chez les Fougères, c'est sa face inférieure qui porte les sporanges élégamment groupés (fig. 11). Le Blechnum spicant et la superbe Osmonde royale ont même des feuilles de deux sortes, les unes stériles et, par suite, exclusivement consacrées aux fonctions de nutrition ; les autres, d'ordinaire plus découpées et plus délicates, chargées de former les corps reproducteurs.

Chez les Phanérogames, la fleur est un ensemble de feuilles transformées.

Gœthe, l'illustre poète allemand, auteur de cette théorie encore admise aujourd'hui, pensait qu'il y avait gradation dans la noblesse des parties de la plante, les feuilles les plus grossières étant les plus basses, les plus parfaites occupant le sommet, parce qu'elles reçoivent « des sucs plus épurés », une « nourriture mieux élaborée » par tous les entre-nœuds successifs placés au-dessous d'elles. Enfin, plus tard, les feuilles atteignent leur plus haut degré de perfection et donnent la fleur.

A la réflexion, on voit que cette théorie d'une perfection progressive de la base au sommet de la tige est inexacte. Le rôle des feuilles vertes et celui des feuilles florales sont différents : aux premières, la nutrition et la conservation de l'individu; aux secondes, la reproduction et la perpétuité de l'espèce. L'une n'est pas supérieure à l'autre ; les deux sont indispensables.

Veille et sommeil des feuilles.

La plante, a dit Huxley, est « un animal enfermé dans une boîte en bois ». Sa prison est fort étroite, en effet; ses mouvements y sont peu visibles ; ils n'en existent pas moins.

Les mouvements des feuilles, en particulier, sont parmi les plus apparents.

Tels sont ceux de *veille* et de *sommeil* qui ont été observés jusqu'ici dans 90 genres de plantes appartenant pour moitié à la famille des Légumineuses qui détient le record de la sensibilité végétale. Elle contient la Sensitive dont les brusques mouvements sont apparents pour tous.

Quand on met une de ces plantes sensibles dans l'obscurité, ou quand la nuit vient, la feuille tantôt s'abaisse, tantôt se relève, suivant l'espèce et prend ce qu'on appelle la position nocturne. Lui rend-on la lumière, on voit aussitôt ses feuilles se relever dans le premier cas, s'abaisser dans le second et prendre toujours une direction étalée dans un plan, qui est leur position diurne ou de veille.

Toute augmentation d'intensité lumineuse détermine un mouvement dans le sens de la position diurne ; toute diminution d'intensité entraîne un déplacement vers la position nocturne.

Les folioles des Lotiers, des Trèfles, des Luzernes, des Gesses, du Baguenaudier, etc., prennent leur position nocturne en se tournant vers le haut, de manière à appliquer leurs faces supérieures l'une contre l'autre ; c'est le cas le plus fréquent. Le Tabac relève ses feuilles simples en les appliquant contre la tige.

Au contraire les folioles du Robinier, de la Réglisse, des Oxalis pendent vers le bas de manière à se toucher par leurs faces inférieures.

Ces mouvements sont produits par des changements dans la configuration de régions limitées du pétiole appelées *renflements moteurs*.

Leur cause réside dans les variations de la transpiration, en rapport elles-mêmes avec celles de l'intensité lumineuse.

Vers le soir, la transpiration se ralentit, le renflement moteur est alors rigide, gonflé d'eau ; au contraire, pendant le jour, il est flasque, pauvre en eau. Si la longueur du tissu qui se gonfle ainsi durant la nuit est plus grande vers le bas que vers le haut, ce phénomène amènera un allongement relatif de la face inférieure et, par suite, un soulèvement de la partie périphérique.

Au contraire, la turgescence nocturne produira un abaissement de l'extrémité libre, lorsque le tissu du renflement sera plus développé vers le haut que vers le bas, car à ce moment la face supérieure gagnera plus que l'inférieure.

Ce reploiement des surfaces foliaires a pour résultat de diminuer le rayonnement nocturne et par suite le refroidissement de la feuille. Ainsi la plante se protège contre le froid des nuits. Toujours très utile, cette protection devient pour elle, à certaines époques, une question de vie ou de mort.

CHAPITRE IV

LA FLEUR

Chez les Algues et les Champignons, végétaux inférieurs, deux sortes de corps reproducteurs se forment suivant la saison, mais aussi suivant les circonstances : la *spore* ou l'*œuf*. La spore, simple cellule détachée de la plante, par un développement plus ou moins direct redonnera une nouvelle plante semblable. L'œuf est quelque chose de plus complexe puisqu'il résulte toujours de la fusion de deux cellules, identiques ou différentes, formées par un seul individu ou par deux exemplaires distincts appartenant à la même espèce.

La reproduction asexuée, c'est-à-dire par spores, a lieu rapidement et abondamment quand les conditions de milieu sont favorables. Grâce à la spore, la plante se propage, étend son domaine, fait chaque jour de nouvelles conquêtes. Les œufs, au contraire, n'apparaissent que quand les vivres manquent ou que l'eau se fait rare, quand la misère s'installe au logis ; c'est la suprême ressource de l'espèce qui ne veut pas périr. Le germe, abrité sous une coque résistante, attendra, même pendant des années s'il le faut, qu'un hasard le dépose sur un substratum à sa convenance et lui fournisse une nourriture à son goût.

Tandis que chez les Algues et les Champignons les œufs et les spores s'excluent parfois, ou tout au moins ne se succèdent que de façon fort irrégulière, chez les Mousses et les Fougères, ces deux types de corps reproducteurs alternent régulièrement.

Les diverses parties d'une fleur.

Les végétaux supérieurs ou Phanérogames ne se reproduisent que par des œufs résultant de la fusion d'un grain de pollen et d'une oosphère. Les étamines, bâtonnets surmontés par une partie renflée, l'anthère, forment les grains de pollen.

Chaque oosphère est contenue dans un petit corps arrondi, l'ovule, enfermé lui-même dans l'ovaire. Ce dernier est surmonté d'une petite colonne, le *style*, couronnée par un renflement visqueux ou *stigmate*, destiné à retenir les grains de pollen. L'ensemble des ovaires et de leurs annexes est le *pistil* ou organe femelle, l'ensemble des étamines étant l'organe mâle.

Fig. 12. Quelques fleurs de nos forêts: l'Hellébore fétide (1) aux pétales verts comme des feuilles, le Narcisse, faux narcisse (2) aux grandes fleurs jaunes et l'Anémone des bois (3) aux corolles blanches.

C'est à ces parties minuscules que se réduisent nombre

de fleurs. Celles qu'au printemps portent certains Saules, et qui sont si gracieusement groupées en chatons, se composent uniquement d'une sorte d'écaille velue, très petite, support d'une à trois étamines (Saules mâles), tandis qu'à côté, les fleurs d'autres Saules (Saules femelles) se composent uniquement d'une écaille portant un pistil.

Si toutes les fleurs étaient de cette sorte elles seraient aussi profondément ignorées du public que le sont les appareils reproducteurs des Fougères et des Mousses. Mais le plus souvent, ces organes essentiels, étamines et pistil, réunis ou séparés, sont entourés par une ou deux couronnes de pièces plates qui peuvent rester petites et vertes comme chez la plupart de nos arbres ou, au contraire, atteindre une grande taille, prendre des couleurs vives, des formes élégantes, un suave parfum et devenir ce « palier de grâce », cette merveille de beauté qui, aux yeux de tous, constitue la fleur. C'est elle alors qui, de toutes les parties des plantes, exerce sur l'homme le plus de séduction. Elle ne peut être comparée aux autres productions de la nature ; elle les surpasse toutes.

Cet appareil complexe auquel est confié le soin capital de la conservation de l'espèce, comprend donc, à son maximum de perfection, quatre cercles concentriques ou verticilles de pièces insérées au sommet d'un pédoncule : le calice, souvent vert ; la corolle, dont les pétales sont d'ordinaire le charme de la fleur ; les étamines et le pistil. On admet, depuis Gœthe, que toutes ces pièces ne sont que des feuilles transformées.

Les dimensions des fleurs n'ont aucun rapport avec celles des végétaux qui les produisent. Dans nos pays tout au moins, les grands arbres forestiers ont des fleurs petites, aux enveloppes rigides, aux coloris ternes et insignifiants, tandis qu'une petite plante de nos montagnes, la Gentiane acaule, qui n'atteint pas dix centimètres de haut, parvient à former une jolie corolle bleu foncé de la moitié de sa taille

totale. Le Colchique d'automne dont, en septembre, les
prairies sont couvertes, a des fleurs qui, sans feuilles pour
les entourer, ressemblent à des fleurs coupées que l'on au-
rait piquées dans l'herbe. Leur partie visible atteint huit à
dix centimètres de hauteur, mais elles se prolongent d'une
longeur au moins égale dans le sol.

Quant à la forme, à la couleur, à l'odeur des fleurs, passer
en revue les particularités qu'elles présentent exigerait un
volume.

La beauté des inflorescences.

Mais il est d'autres caractères moins généralement remar-
qués qui influent sur la beauté des fleurs, par exemple leur
port et leur mode de groupement.

L'aspect léger et délicat du Muguet reconnaît pour causes
le groupement en grappe lâche de ses mignonnes clochettes
blanches et leur attitude penchée.

Beaucoup de plantes, au lieu de former un petit nombre
de grandes fleurs, forment un grand nombre de petites fleurs.
Celles-ci, insignifiantes par elles-mêmes, ne doivent d'être
remarquées qu'à leur mode d'inflorescence ; celles de l'Aune
(fig. 8), du Châtaignier, des Peupliers, du Coudrier, sont
verdâtres, fort petites ; mais groupées en chatons allongés
qui pendent ou se dressent, elles forment à l'arbre une parure,
surtout quand elles apparaissent de bonne heure et ne sont
pas enfouies sous des masses de verdure.

Les fleurs des Graminées sont minuscules, à peine colorées,
mais leurs épillets se disposent en épis, en grappes, en pani-
cules, en panaches d'une étonnante légèreté. Les Résédas
ne doivent leur élégance qu'à la grappe serrée de leurs fleurs.
Les petites fleurs, blanches ou jaunes de la Carotte (fig. 13),
du Fenouil, ne sont intéressantes que grâce à leur groupement en ombelles composées dont le double étage de rayons
réguliers est plaisant à l'œil.

Ce que l'on nomme une fleur de Pâquerette ou de Marguerite est, en réalité, une réunion fort nombreuse de petites fleurs disposées en capitules. Celles du pourtour, à la blanche corolle étalée en languette, se disposent en rayons autour d'un cœur jaune d'or formé lui-même de centaines de petites fleurs régulières, à corolle minuscule, mais dont chacune a tous ses organes parfaitement visibles à la loupe. De cet ensemble net et régulier, à figure circulaire et à tons vivement tranchés, résulte une impression agréable et douce (fig. 15). Le même plan se retrouve dans toutes les Radiées avec des arrangements différents de couleurs. Même lorsque les fleurs sont toutes semblables sur un capitule, soit toutes en languettes comme dans la Chicorée sauvage, le Salsifis des prés, soit toutes en tubes comme dans le Bleuet (fig. 29), cette disposition est encore charmante.

Particularités de la floraison.

Les fleurs sont des organes essentiellement temporaires dont l'apparition nécessite des conditions fort variables avec chaque espèce. Pour les plantes annuelles l'unique floraison, qui a lieu parfois quelques semaines après la germination, précède de bien peu la mort. Les plantes bisannuelles, comme la Carotte, emploient leur première année à faire, dans leurs parties souterraines, des réserves qu'elles utilisent la seconde année pour fleurir. Elles meurent ensuite. Enfin les plantes vivaces et, en particulier, les arbres, ne fleurissent qu'après plusieurs années de végétation. Le Hêtre, l'un des plus tardifs, porte des fleurs pour la première fois à l'âge de quarante à cinquante ans s'il vit isolé et seulement à soixante ou quatre-vingts ans lorsqu'il se trouve au milieu d'un massif. Sa floraison a lieu ensuite régulièrement chaque année jusqu'à sa mort.

Il est des plantes comme le Séneçon, la Pâquerette, le Mouron des oiseaux dont on trouve pendant presque toute l'année des exemplaires fleuris ; cela tient à ce que leurs

Fig. 13. — Le mode de groupement des fleurs est un des éléments de leur charme. Celles de la Carotte sauvage (1) ne sont intéressantes que par leur disposition en ombelles ; les corolles plus grandes de la Stellaire holostée (2) rayonnent gracieusement et les fleurs bleues de la Bugle rampante (3), séparées de la grappe, sont insignifiantes.

graines sont peu exigeantes pour germer ; celles qui proviennent des générations successives se développent peu à peu.

Les plantes qui fleurissent à la fin de l'hiver comme la Perce-neige, ou au début du printemps comme les Narcisses, l'Anémone des bois, le Muguet, ou encore très tardivement comme le Colchique et la Scille d'automne sont remarquables par leur floraison qui a lieu à peu près en même temps pour tous les individus d'une même espèce et pendant une courte durée.

Elles forment alors de véritables parterres fleuris sous bois ou dans les prairies ; le tapis végétal est blanc avec la Perce-neige, l'Anémone sylvestre ou le Muguet, bleu avec la Jacinthe des bois, jaune avec le Narcisse ; rarement plus de deux couleurs coexistent. C'est que chez ces plantes les bourgeons floraux, formés depuis longtemps, sont nourris par les réserves enfermées dans un bulbe ou dans un rhizome et ne demandent qu'un peu de chaleur pour éclore.

Le Coudrier fleurit dès la fin de janvier et ouvre ses sacs polliniques dès que la température dépasse 2°.

Sauges, Campanules, Bleuets, Pieds d'alouette, Chèvre-feuilles, Liserons, se comportent différemment. Ils ne fleurissent pas tout d'un coup comme les espèces printanières, mais peu à peu, progressivement ; leurs corolles se succèdent pendant toute la belle saison. Leurs feuilles, en effet, sous l'action de la chaleur, de la lumière et de l'humidité, élaborent activement et sans interruption les matières nutritives qui servent à former sans cesse de nouveaux bourgeons floraux.

L'ordre de succession de la floraison et de la feuillaison est aussi intéressant à envisager. Chez le Coudrier, le Pas d'âne, le Cornouiller, le Prunellier, les fleurs précèdent les feuilles ; chez les Pommiers les deux organes se développent en même temps ; chez les plantes estivales les fleurs n'apparaissent qu'assez longtemps après les feuilles.

On a des exemples assez fréquents de floraison à contre-saison. Dans le Nord, la Perce-neige fleurit parfois à l'automne et le Colchique d'automne au printemps. Quand l'arrière-saison est douce et pluvieuse, des Lilas, des Pommiers se couvrent de fleurs et les Marronniers de nos avenues portent parmi leurs feuilles rares et jaunies quelques inflorescences blanches ou roses. C'est que leurs bourgeons déjà formés pour le prochain printemps se laissent séduire par la tiédeur de l'air ; ils paient par une réduction de leur vie leur hâte à s'ouvrir.

La durée des fleurs est variable. Beaucoup sont éphémères et, comme la rose « qui, plus que nulle autre fleur, est belle, » durent l'espace d'un matin.

L'Onagre bisannuelle, plante américaine naturalisée depuis longtemps chez nous, forme une longue grappe qui porte fleurs pendant plus de trois mois. Chaque jour, vers cinq heures du soir, deux à trois grandes fleurs jaunes s'épanouissent qui, dès le lendemain, sont flétries. D'autres les remplacent et ainsi de suite. On ne voit jamais à la fois plus de cinq à six corolles dont les unes flétries, les autres dans tout leur éclat et les dernières prêtes à s'épanouir.

Perce-neige, Narcisses, Marguerites, etc., ont, au contraire, des fleurs vivaces pouvant durer plus d'une semaine.

La couleur des fleurs et l'ancienneté des espèces.

Des changements de coloration se produisent d'ordinaire au cours de la floraison. Le Myosotis versicolore (fig. 66) de nos bois a sa corolle d'abord jaune, puis blanchâtre, rosée, enfin bleue, sans doute parce que la matière colorante en dissolution dans le suc cellulaire est modifiée suivant la réaction alcaline ou acide du protoplasma.

Les Pulmonaires et plusieurs autres Borraginées, rouges quand elles s'épanouissent, tournent au bleu clair, puis au bleu foncé quand elles se fanent.

On a voulu voir dans ces changements de couleurs un phénomène de répétition abrégée de l'évolution qu'ont dû subir les plantes au cours des siècles. D'après sir J. Lubbock, les fleurs vertes comme la Mercuriale, l'Hellébore (fig. 12) sont les plus anciennes ; plus tard apparurent les fleurs blanches, puis les jaunes, les rouges et enfin les bleues. La couleur bleue serait celle que préfèrent les abeilles et les fleurs bleues seraient les plus différenciées pour recevoir la visite des insectes, visite favorable à leur fécondation et par suite à l'espèce.

C'est là une question fort controversée encore comme toutes celles qui touchent à la théorie de la fleur et sur laquelle l'accord n'est pas près de se faire entre botanistes.

Fleurs à réverbère et fleurs à parasol.

Des quatre parties de l'appareil floral : calice, corolle, étamines, pistil, les deux plus internes sont les seules ayant un rôle incontesté, celui d'assurer la fécondation, c'est-à-dire la perpétuité de l'espèce par la formation de l'œuf qui deviendra l'embryon enfermé dans la graine.

Quant au périanthe, son rôle est plus discuté. On est à peu près d'accord pour assigner à la corolle et surtout au calice un rôle protecteur des parties centrales quand la fleur est en bouton.

Ce sont aussi des organes actifs de transpiration et de respiration. Même après l'épanouissement, par leurs mouvements ils peuvent protéger le pollen contre la pluie, la chaleur ou le froid.

Mais si la corolle est un simple écran protecteur, pourquoi ses contours gracieux, ses fraîches couleurs, son parfum pénétrant ? La loi du moindre effort d'une application si rigoureuse en biologie, s'oppose à ce qu'un toit possède tant de brillants ornements ; qu'il soit solide, imperméable, voilà tout ce que son rôle exige.

Pour Bernardin de Saint-Pierre, la réponse est facile : le bonheur de l'homme est la première loi du monde. Si les fleurs sont belles, c'est pour que l'homme puisse les disposer en bouquets ; si leurs couleurs présentent des contrastes charmants, c'est pour le seul plaisir de ses yeux. « Il n'y a aucune fleur odorante qui ne croisse aux pieds de l'homme ou, du moins, à portée de sa main. Toutes celles de cette espèce sont placées sur des herbes ou sur des arbrisseaux, comme l'Héliotrope, l'Œillet, la Giroflée, la Violette, la Rose, le Lilas. Il n'en croît point de semblables sur des arbres élevés de nos forêts, et si quelques fleurs brillantes viennent, sur quelques grands arbres des pays étrangers, comme le Tulipier et le Marronnier d'Inde, elles ne sentent point bon. »

Cependant le brillant peintre des harmonies de la nature veut bien admettre que la corolle puisse, par surcroît, être utile à la reproduction des plantes.

Par sa forme et sa couleur, elle lui semble destinée à rassembler les rayons du soleil sur les étamines et le pistil (*fleurs à réverbère*), ou bien, au contraire, à les en éloigner (*fleurs à parasol*) ; les pétales ne sont qu'un assemblage de miroirs dirigés vers un foyer.

Il distingue cinq cas principaux.

1º Les fleurs à *réverbères perpendiculaires*, dont la corolle rassemble, sur les anthères, un arc de lumière de 90°, depuis le zénith jusqu'à l'horizon. Cette disposition est commune, dans la zone glaciale ou même dans nos climats, chez les fleurs qui s'épanouissent en hiver et chez les apétales : Coudrier, Saules, Bouleaux, avec leurs groupements en cônes ou en épis. On objectera que, dans les pays chauds, certaines plantes présentent une disposition analogue, mais alors leurs inflorescences sont pendantes et abritées par de larges feuilles (fleurs à parasol).

2º Le *réverbère conique* fait converger, sur les organes reproducteurs, un cône de lumière de 60°. Il abonde chez

les fleurs printanières de nos climats, chez celles qui croissent à l'ombre ou sur les montagnes élevées ; il est le plus
souvent réalisé par les corolles gamopétales. Son action est
très forte, aussi les fleurs de ce groupe sont de peu de
durée. La corolle du Liseron des champs subsiste à peine
un demi-jour et, quand sa fécondation est achevée, son
limbe se reploie en dedans et se referme comme une bourse.
Il existe bien aussi des Liserons, dans les contrées chaudes,
mais leur corolle ne s'ouvre guère que la nuit et de plus
elle est teinte de violet ou de bleu, couleurs qui absorbent
beaucoup la chaleur et la réfléchissent peu.

3° La corolle à cinq pétales, commune dans les fleurs des
régions tempérées, constitue un *réverbère sphérique*, dont
l'action est aussi très forte, mais dure peu ; rien ne passe
plus vite que les roses. Chacune des pièces florales rassemble un arc de lumière de 36°. Telles sont les Rosacées
(fig. 14, Fraisier) dont l'ovaire donne à l'homme des fruits
comestibles et qui fleurissent au mois de mai. Les fleurs en
rose sont très rares entre les tropiques, surtout celles dont
les pétales sont blancs ; elles n'y réussissent qu'à l'ombre
des arbres. « En récompense, la nature a multiplié, dans
les pays chauds, les fleurs papilionacées ou légumineuses.
La fleur légumineuse est entièrement opposée à la fleur en
rose ; elle a pour l'ordinaire, cinq pétales arrondis comme
celle-ci ; mais, au lieu d'être disposés autour du centre de la
fleur pour y réverbérer les rayons du soleil, ils sont, au
contraire, reployés autour des anthères pour les mettre à
l'abri... Je regarde donc les fleurs légumineuses comme des
fleurs à parasol » (fig. 11, Ajonc).

4° Le *réverbère elliptique* ne fait pas converger la lumière
vers un seul centre. Les fleurs qui en sont pourvues, communes dans les pays chauds, ont une corolle à six pétales,
formant une coupe ovale plus étroite du haut que du milieu ;
telles sont la Tulipe et la plupart des Liliacées. Les fleurs
de ce groupe peuvent être aussi à parasol ; c'est le cas de la

Fritillaire, couronne impériale dont les périanthes sont
tournés ... vers la
terre et ... ombragés
d'un pana- ... che de
feuilles.

5° Les ré- ... verbères
paraboli- ... ques ou
plans, qui
font diver-
ger les
rayons du
soleil ou

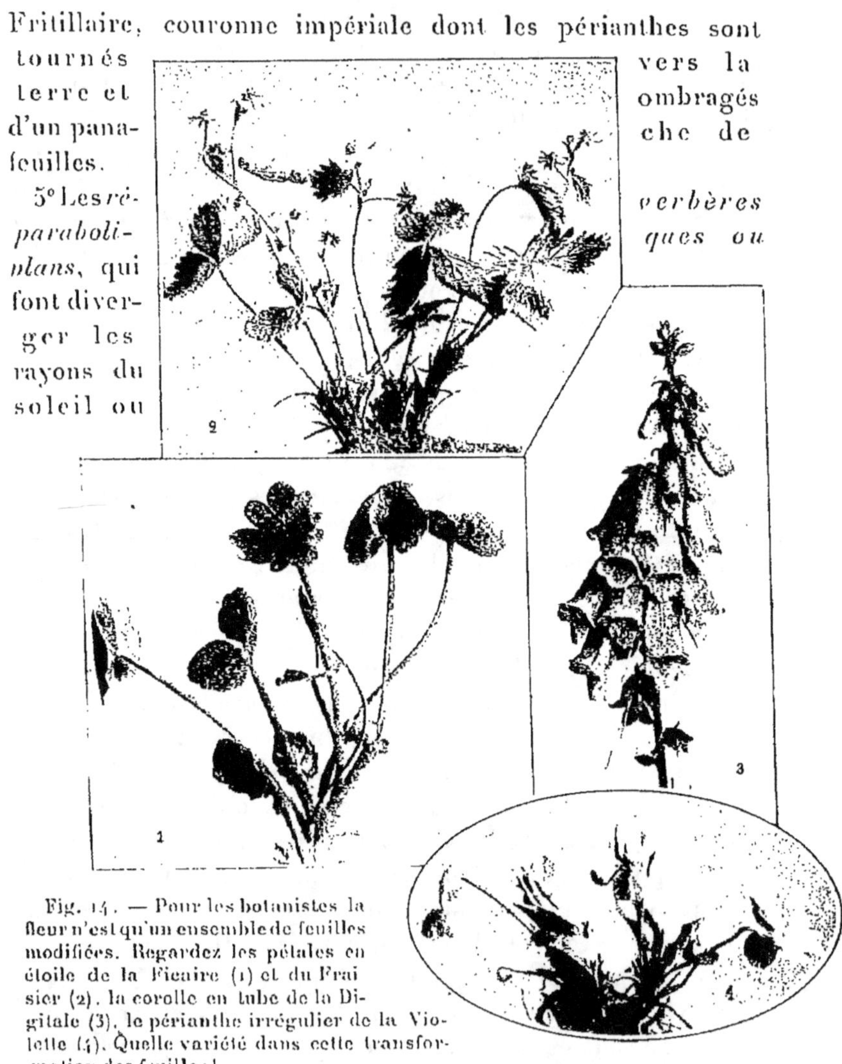

Fig. 14. — Pour les botanistes la fleur n'est qu'un ensemble de feuilles modifiées. Regardez les pétales en étoile de la Ficaire (1) et du Fraisier (2), la corolle en tube de la Digitale (3), le périanthe irrégulier de la Violette (4). Quelle variété dans cette transformation des feuilles!

qui les renvoient parallèlement, sont communs dans la zone torride ou parmi les fleurs de nos climats qui s'épanouissent en juillet et août. Les pétales du Lis sont autant de sections de parabole. « Malgré la grandeur et la blancheur de sa coupe, plus il s'épanouit, plus il écarte de lui les feux du soleil; et pendant qu'au milieu de l'été, en plein midi, toutes les fleurs, brûlées de ses ardeurs, s'inclinent et penchent leurs têtes vers la terre, le Lis, comme un roi, élève la sienne, et contemple face à face l'astre qui brille au haut des cieux. »

Les fleurs des Composées, groupées en capitules et disposées en *réverbères plans* ont une longue durée car l'action du soleil sur elles est très faible. Cependant, si elles la trouvent encore trop grande, elles s'en défendent en renversant leurs pétales comme la Camomille, en se couvrant d'une buée comme le Tournesol, ou en rapprochant leurs fleurs pendant une partie de la journée, comme la Chicorée sauvage et le Salsifis des prés.

D'excellents botanistes modernes sont aussi convaincus que la forme des corolles est souvent en rapport avec la protection des pièces reproductrices. Si l'on envisage, par exemple, les corolles tubulaires on voit que la gorge en est très large si la fleur s'épanouit à l'abri du grand soleil ou d'un air vif, très resserrée dans le cas contraire pour s'opposer à la chaleur et à la transpiration exagérée qui flétrirait les étamines.

Les insectes admirent-ils les fleurs ?

Mais depuis les travaux de Darwin la plupart des naturalistes pensent que les fleurs sont belles et parfumées, non pour plaire à l'homme, comme le croyait Bernardin de Saint-Pierre, mais bien pour charmer les insectes qui aiment leur nectar, les visitent pour s'en nourrir et, volant de l'une à l'autre, se frôlant aux organes de la reproduction, jouent le rôle de commis voyageur en pollen et assurent la fécondation croisée favorable aux espèces.

D'ailleurs, la plupart du temps, la fécondation directe est

impossible ; par exemple pour toutes les plantes unisexuées
et même pour nombre de fleurs complètes chez lesquelles
l'hermaphrodisme est plus apparent que réel, les étamines
étant rarement mûres en même temps que les ovules.

Plus une fleur est belle, odorante et sucrée, plus elle a
de chances d'être visitée par les insectes et, par suite, de
transmettre à sa descendance sa beauté, son parfum et ses
autres caractères attirants. C'est à l'amour qu'ont pour elles
les insectes que les fleurs doivent leur beauté.

Bien des remarques appuient cette théorie. Les fleurs
fécondées par le vent, comme celles des Conifères et de
beaucoup d'autres arbres, n'ont ni couleurs vives, ni parfum,
ni nectar. Pourquoi en auraient-elles ? Le vent est aveugle.

Les fleurs qui, comme le Silène penché, sont fécondées
par les insectes nocturnes qui ne peuvent, sans doute, apprécier les couleurs, sont blanches ou de teintes pâles, restent
fermées obstinément pendant le jour, ne s'ouvrent et n'ont
d'odeur que la nuit.

Certaines fleurs comme la Pensée sauvage, le Lamier
blanc, la Sauge des prés, le Muflier, les Orchidées, présentent des dispositions particulières, compliquées, différentes
pour chacune d'elles et semblent adaptées d'une façon parfaite aux visites des insectes en général ou d'un seul groupe
d'insectes[1].

Les services rendus aux plantes par les insectes ailés
friands de nectar ou même de pollen sont indiscutables,
mais les insectes sont-ils véritablement attirés par la grande
taille, les couleurs vives et les parfums de la corolle ou,
tout simplement, par l'odeur du miel qu'elles renferment ?
Des expériences de M. Plateau, de M. Bonnier et de plusieurs autres naturalistes semblent prouver que cette dernière hypothèse est la vraie.

Les insectes, en effet, continuent à butiner les fleurs nec-

[1] Voir chapitre xix : Plantes à pièges et fleurs à secret.

tarifères dont on a enlevé les pétales ou dont on a masqué toutes les parties colorées avec des feuilles mortes. Si l'on dépose du miel dans l'intérieur de fleurs non nectarifères et complètement dédaignées des insectes, ceux-ci viennent y butiner et si, au contraire, on enlève les disques nectarifères d'un Dahlia et qu'on les remplace par de petits disques découpés dans une feuille, les visites cessent.

Toutes ces expériences semblent probantes : c'est l'odeur du nectar qui attire les insectes aussi bien sur les bractées du Tilleul de forme et de teinte neutres, insignifiantes, que dans la corolle bleue des Sauges. Alors la question posée reste toujours sans solution : pourquoi les fleurs sont-elles belles et parfumées ?

L'existence des parfums trouve une explication. Ils protègent la fleur contre les limaces, les escargots et beaucoup de petits herbivores ; et de plus les vapeurs odorantes mélangées à l'air, jouent, d'après Tyndall, le rôle de régulateur de température.

Quant au nectar ce n'est pas pour les insectes que les fleurs le forment. C'est une réserve de matières nutritives qu'elles constituent près de l'ovaire pour le développement des graines. Aussitôt après la fécondation, en effet, toute substance sucrée disparaît du réceptacle et émigre vers l'ovaire.

Ce qui n'empêche nullement le nectar de jouer par surcroît un rôle indirect, mais de premier ordre, dans la pollinisation des fleurs par les insectes.

Les mouvements de la fleur.

La plante, ainsi que beaucoup d'animaux fixés qui ont pris, comme elle et pour la même raison, le type ramifié, est privée de la faculté de locomotion et n'en a nul besoin à cause de son mode d'existence. Mais si elle est absolument sédentaire, les mouvements de ses diverses parties sont fréquents et variés ; il ne leur manque que d'être plus rapides pour fixer l'attention du commun des hommes.

Les variations de la lumière, de la température, de la circulation de l'eau dans leurs tissus, provoquent des déplacements continuels de la tige et des feuilles. Les vrilles errent dans l'espace comme des mains cherchant à saisir; les feuilles placent leur face la plus verte perpendiculairement à la radiation lumineuse et la suivent. Chez certaines plantes ces changements de position sont fort apparents, parfois brusques, tels les mouvements de veille et de sommeil, les mouvements provoqués par un contact chez les plantes carnivores et surtout chez la Sensitive.

La fleur, plus que toutes les autres parties de la plante, est toujours en mouvement. Sa croissance détermine l'épanouissement du calice et de la corolle, la variation du port avec l'âge. Telle fleur, dressée dans le bouton, comme le Narcisse jaune, se place horizontalement quand elle est épanouie (fig. 12) ou même penche complètement vers la terre comme la Perce-neige (fig. 8). D'autres, au contraire, comme le Jonc fleuri, se dressent en s'épanouissant. Les fleurs du Pissenlit, du Pas d'âne (fig. 15), d'abord verticales, se penchent vers le sol pendant la maturation des fruits et se redressent de nouveau quand la délicate sphère blanche de leurs akènes est prête à se disperser au moindre souffle de vent (fig. 54).

Ces variations d'attitude constituent un moyen simple, mais efficace, de s'accommoder aux conditions climatériques qui conviennent à la fécondation, à la maturation des fruits ou à la dissémination.

Les fleurs, filles du soleil, sont attirées vers la lumière. Le long périanthe du Colchique d'automne, les étamines du Plantain, les ovaires des Épilobes suivent l'astre du jour dans sa course apparente. Le plus souvent ce n'est pas la fleur mais son pédoncule qui s'oriente vers la lumière. Les fleurs des Salsifis, des Laiterons, des Coquelicots sont, le matin, tournées vers l'orient ; au milieu du jour, vers le midi ; le soir, vers l'occident. Ce mouvement est presque général. « Lorsque le soir, dit Hegel, on entre dans une prairie en regardant le couchant, on n'y voit que fort peu de fleurs, parce qu'elles sont toutes tournées vers le soleil couchant ; au contraire, si l'on y arrive du côté opposé, on voit la prairie briller de l'éclat de mille et mille corolles. De même, lorsque, de grand matin, on se dirige vers la prairie en regardant l'occident on n'y

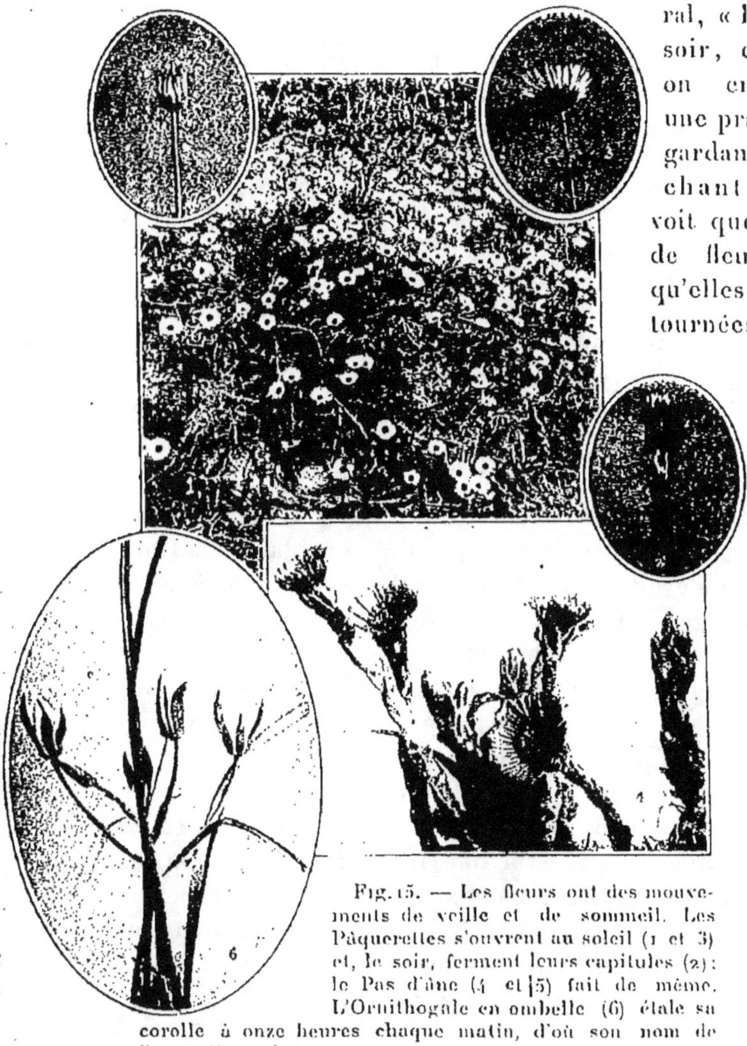

Fig. 15. — Les fleurs ont des mouvements de veille et de sommeil. Les Pâquerettes s'ouvrent au soleil (1 et 3) et, le soir, ferment leurs capitules (2) : le Pas d'âne (4 et 5) fait de même. L'Ornithogale en ombelle (6) étale sa corolle à onze heures chaque matin, d'où son nom de Dame d'onze heures.

aperçoit pas de fleurs, parce qu'elles sont restées inclinées du côté où le soleil s'est couché, mais on les verra se retourner vers l'orient à mesure que le soleil s'élèvera sur l'horizon. »

Cependant, leur fécondation effectuée, certaines fleurs fuient la lumière. Celles de la Linaire cymbalaire pénètrent dans les crevasses pour y mûrir leurs graines (fig. 20), celles du Trèfle souterrain sont enfoncées en terre par une incurvation du pédoncule.

Les fleurs qui dorment.

Mais de tous les mouvements des fleurs, les plus apparents sont ceux d'ouverture et de fermeture qu'on qualifie de veille et de sommeil des fleurs par analogie avec la veille et le sommeil des feuilles.

Sous le ciel de Paris, en été, la fleur du grand Liseron (fig. 67) est la plus matinale, elle aime à voir lever l'aurore et ouvre dès trois heures son vaste entonnoir blanc ; la Chicorée sauvage s'éveille à cinq heures ; la Laitue scariole, à sept ; le Souci, malgré son nom, dort tranquille, fait la grasse matinée et n'ouvre son œil jaune que sur le coup de neuf heures (fig. 49) ; l'Ornithogale en ombelle n'est pas dite pour rien Dame d'onze heures (fig. 15) ; la Belle-de-nuit, attend que s'allonge l'ombre des murailles et, pour jouir de la fraîcheur, s'épanouit à sept heures du soir.

Le nombre des fleurs « qui dorment et veillent » est si grand que Linné a pu dresser une liste de plantes dont les corolles s'ouvrent ou se ferment aux vingt-quatre heures de la journée. C'est la fameuse *Horloge de Flore*, dont les indications ne sont pas toujours d'une rigoureuse exactitude. L'heure de l'ouverture est avancée sous les climats tempérés, retardée dans les pays froids. L'Horloge de Flore de Linné, à Upsal, retarde sur celle que dressa de Candolle, pour Paris.

Il est aussi des fleurs « météoriques » qui sont influencées par l'état de l'atmosphère : tels les Oxalis qui n'ouvrent pas leurs fleurs quand l'air est très humide.

Ces mouvements reconnaissent sans doute pour causes des variations dans la température et dans l'intensité lumineuse. Leur résultat est de protéger le pollen contre la rosée, la chaleur ou le froid. Une fleur de Crocus s'ouvre en huit minutes pour une élévation brusque de 5°, en une minute pour une élévation de 10°. Une différence de température d'un demi-degré a pour conséquence un mouvement sensible. Il semble donc bien, dans ce cas, que la fermeture du périanthe a pour but de protéger la fleur, qui s'épanouit au premier printemps, contre de brusques retours du froid.

Sir John Lubbock, sans nier l'influence de la chaleur et de la lumière, pense que beaucoup de ces mouvements ont pour but de protéger les fleurs contre les visites nuisibles des fourmis. Les abeilles sont très matinales, tandis que les fourmis ne sortent qu'après la disparition de la rosée. Une fleur ne possédant aucun moyen de protection contre les fourmis, ni surfaces gluantes, ni poils rigides en chevaux de frise, ni parties glissantes, a tout avantage à s'ouvrir de bon matin pour recevoir les abeilles qui la pollinisent et à refermer sa corolle avant l'arrivée des fourmis.

CHAPITRE V

LE FRUIT

La fleur non fécondée se fane et, tôt, rien n'en subsiste. Celle dont le stigmate a recueilli au passage le pollen tombé de l'anthère, ou qui passe, porté par le vent ou l'insecte, va remplir jusqu'au bout le rôle élevé qui lui a été dévolu : transmettre la vie.

La formation du fruit.

Posée sur le stigmate la cellule mâle ne germe que si le liquide qui l'humecte renferme les principes de son choix, c'est-à-dire, à de rares exceptions près, que si le hasard l'a lancée sur une fleur de même espèce.

Le tube pollinique qu'elle développe s'enfonce dans le style, s'allonge, s'allonge sans fin, jusqu'à atteindre mille fois le diamètre du grain de pollen, vers la cellule élue, si lointaine, l'oosphère qu'a formée l'ovule.

Le mystère de la fécondation s'accomplit ; les deux cellules s'unissent. Tout l'organisme floral en reçoit une secousse profonde ; d'importantes modifications s'accomplissent. Le périanthe, orgueil de la fleur, se flétrit ; seul le pistil reste ; bientôt il s'accroît, mûrit en même temps que les graines qu'il renferme ; il devient le fruit.

On célèbre tant la fleur qu'il ne reste plus d'enthousiasme pour vanter le fruit ; la jeunesse, sans doute, a plus de charmes que l'âge mûr ; mais il est des maturités triomphantes ; le fruit est vraiment un des plus élégants groupements d'atomes, une des plus belles choses qui soient au monde. Comme la fleur qu'il continue, il a la grâce et la variété des formes, la vivacité des couleurs, l'éclat des matières précieuses ; comme elle, il plaît à la vue. Il est la parure et la joie des paysages d'automne, comme la fleur de ceux du printemps.

Multiplicité des formes du fruit.

Devenue la paroi du fruit ou péricarpe, la paroi de l'ovaire, d'abord verte, évolue à mesure que se forment les graines. Tantôt elle se dessèche, prend des nuances éteintes, couleur de terre ; tantôt elle s'épaissit, se colore vivement, se remplit d'eau et de principes divers, devient un laboratoire où s'accomplissent sans cesse des réactions chimiques. Entre ces deux types, fruit sec et fruit charnu, issus d'ovaires de même consistance, s'en rencontrent d'autres intermédiaires, tels les fruits à noyau.

Quand ses cellules ont achevé de se vider et ne contiennent plus que de l'air, le fruit sec est mûr et les semences qui y sont incluses n'ont plus qu'à attendre l'heure propice à la germination.

Dans beaucoup de fruits à une seule graine le péricarpe est si mince qu'il ne gêne en rien le développement du germe, aussi ne s'ouvre-t-il pas. Ces *akènes*, ainsi qu'on les nomme, sont ordinairement trop petits pour attirer l'attention ; ils ne présentent d'intérêt au point de vue de la forme que quand ils sont pourvus d'annexes dont nous parlerons plus tard ou quand leur taille est assez considérable ; tels les fruits du Tilleul, petits boulets élégamment suspendus, comme des pierreries à une pendeloque, à l'extrémité de longues queues qui, d'une foliole allongée, descendent obliquement (fig. 16).

Quand l'espèce est à semences nombreuses, l'enveloppe qui la protège est ordinairement plus épaisse, elle doit s'ouvrir pour leur rendre la liberté. Cette déhiscence, préparée dès la formation même de l'ovaire, a lieu par une dissociation du tissu suivant des fentes longitudinales ou transversales, parfois suivant des pores. La sécheresse de

Fig. 16. — Tout le monde connaît les fleurs du Tilleul. On connaît moins ses fruits, petits boulets élégamment suspendus à l'extrémité de leurs pédoncules, comme des pierreries à une pendeloque.

l'air en est la cause ; les parois de la capsule perdent de l'eau, se contractent.

Un fruit à valves placé sous un verre dont l'air est saturé d'humidité, à l'aide d'une éponge, se referme, tandis qu'il s'ouvre dans de l'air desséché par un peu de chaux vive ou de chlorure de calcium et, cela, autant de fois qu'on le voudra.

Le mécanisme de la déhiscence est à la fois simple et parfait comme tous ceux qu'emploie la nature ; il change avec chaque fruit mais peut toujours se ramener à une contraction de certaines fibres ligneuses, contraction qui détermine une rupture des parois suivant des lignes de fente préparées.

Ces fentes, ces ouvertures se produisent d'une façon si logique, si bien comprise, qu'une capsule n'a toute sa beauté que quand elles commencent à se dessiner nettement.

Les fruits charnus ont pour eux la magie des couleurs, mais les capsules ont la grâce, parfois l'imprévu des contours. Elles sont variées, multiples, charmantes comme des bibelots d'étagère.

Il faut savoir les regarder. C'est là que la plante, comme une femme ses bijoux, enferme ce qu'elle a de plus précieux, ses semences qui assurent à travers les siècles la perpétuité de sa race. La capsule des Œilllets est une potiche allongée à gorge étroite ; celle des Primevères est une amphore dont une collerette dentelée entoure l'orifice ; la forme s'affine chez le Coquelicot et son stigmate strié lui constitue un couvercle peu banal ; elle s'aplatit chez les Mauves dont le fruit est une sorte de jardinière basse et pansue ; celui de la Jusquiame figure assez bien, quand son couvercle est soulevé, un minuscule pot à tabac. La capsule du Mouron rouge est une élégante bonbonnière remplie de graines à éclater.

Les fruits bizarres.

Les fruits secs sont remarquables souvent par leur beauté, parfois aussi par leur singularité. On trouve dans les gousses des Légumineuses un choix abondant de formes curieuses. Celles du Lotier corniculé dont les jolies fleurs jaunes légèrement odorantes ornent les prés pendant toute la belle

saison, et celles de l'Ornithope délicat, si commun sur le
bord des routes, ont des gousses en chapelet, écartées les

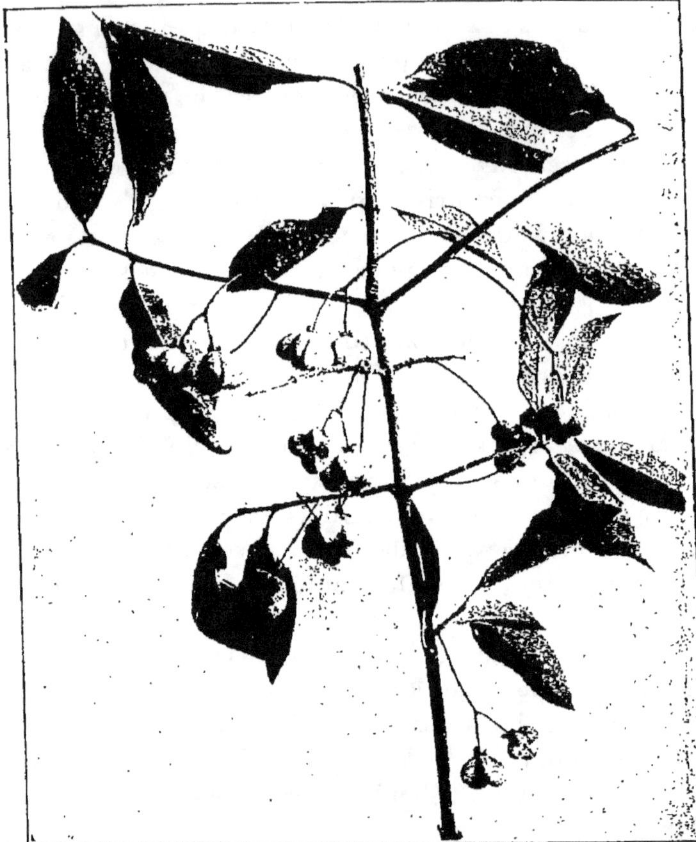

Fig. 17. — Les fruits du Fusain d'Europe ressemblent à un bonnet carré.
Leur enveloppe rose, s'entr'ouvrant à la maturité, montre des graines d'un
carmin vif.

unes des autres par trois ou quatre ; elles imitent à la perfection des pattes d'oiseaux avec leurs doigts nettement
formés et même les ongles qui les terminent, d'où les noms
vulgaires de ces plantes : Pied-de-poule et Pied d'oiseau

L'Hippocrépis, très commun aussi sur le bord des chemins et dans les clairières des bois, doit son nom à ses gousses rugueuses contournées en fer à cheval.

Celles du Baguenaudier ont des parois translucides qui laissent apercevoir les graines ; elles sont gonflées comme un ballon et l'arbuste qui les porte a toujours l'air, au cœur de l'été, d'être garni de lanternes préparées pour une fête de nuit. Les enfants se font une joie d'écraser entre leurs mains ces fruits volumineux qui éclatent avec bruit.

Le Scorpiure velu et le Biserrula pelecine de la région méditerranéenne, ont des gousses couvertes de traits annulaires, segments d'un articulé, sur lesquels des poils, régulièrement implantés, figurent des pattes ; ce sont, par l'apparence, de véritables scolopendres. Celles du Scorpiure vermiculé ressemblent à des chenilles, celles de l'Astragale à hameçons, cylindriques, lisses et tortillées, rappellent des vers.

Mais parmi les Légumineuses ce sont encore les Sainfoins et surtout les Luzernes qui ont les gousses les plus étranges, fort gracieuses néanmoins. Glabres ou veloutées, lisses ou épineuses, contournées, enroulées, spiralées de vingt façons diverses, elles imitent tous les gastéropodes passés, présents et, peut-être, futurs.

La silique des Crucifères, fruit dont l'enveloppe s'ouvre par quatre fentes, détachant deux valves et laissant en place un cadre qui porte les graines, présente aussi chez quelques espèces des contours amusants, particulièrement chez celles qui possèdent des fruits peu allongés ou *silicules*.

La Capselle, qu'on rencontre en fleurs toute l'année et partout, doit son nom de *Bourse à pasteur*, bourse fort plate d'ailleurs, à la forme de ses fruits. Ceux de la Lunaire sont plats, circulaires, d'un blanc d'argent ; tel nous apparaît l'astre des nuits. Le nom de *Monnaie-de-Pape* qu'on leur donne aussi fait allusion à la fois à leur aspect et à leur manque de valeur. Quant à la Lunetière son image pourrait figurer sur l'enseigne d'un opticien ; chacun de ses fruits se compose de deux disques rapprochés imitant les verres d'une paire de lunettes.

Parmi les capsules, il en est deux au moins intéressantes au point de vue qui nous occupe : celle du Fusain et celle du Muflier.

La capsule du Fusain, au moment où elle commence à s'ouvrir, ressemble au bonnet carré dont se couvrent les prêtres pendant les offices (fig. 17). Son enveloppe rose, entr'ouverte à la maturité, laisse apercevoir des graines d'un carmin vif. Ce *Bonnet-de-prêtre*, ainsi que communément on le nomme, prend la nuance d'un chapeau cardinalice ; c'est le symbole de l'espérance pour une carrière ecclésiastique.

Le fruit du Muflier, lui, est le symbole de la fin de toutes les carrières. Macabre fantaisie de la nature, dès qu'il est ouvert par deux pores à son sommet, c'est une tête de mort ; mais pour la voir, il faut retourner sens dessus dessous les fruits ou la hampe qui les porte. Les deux pores de déhiscence figurent les orbites ; la base de la capsule, luisante comme du bronze, est un crâne saisissant de vérité ; la bouche est formée par le sommet du fruit denté. Un seul détail déroute un peu : le style persistant qui se trouve placé sur les os nasaux et transforme le fruit en un crâne à trompe. Certaines espèces de Mufliers ont des fruits très allongés ne présentant plus l'apparence d'un crâne humain.

Pourquoi ces formes étranges ? Ont-elles un but, une raison d'être ? Certaines sont de purs accidents déterminés par les énergies de croissance du fruit ou des graines, mais les formes animales acquises par les gousses du Biserrula et des Scorpiures semblent un résultat de la sélection naturelle et, suivant quelques auteurs, sont favorables à la propagation des espèces qui les produisent.

Les oiseaux prenant ces gousses pour des insectes ou des myriapodes les transportent peut-être bien loin avant de s'apercevoir de leur bévue ; ou même les mangent sans pouvoir digérer les graines. Or, comme les vins des bons crus après un voyage au long cours, les graines s'améliorent par une traversée du tube digestif des oiseaux, les sucs digestifs amollissent leurs téguments ; elles deviennent plus aptes à germer. Nous devons à la vérité de dire que jamais personne n'a vu un oiseau transportant ces fruits dans son bec, mais il est intéressant de chercher le comment des choses. Une hypothèse, même inexacte, peut ne pas être inutile car elle provoque des recherches.

Fruits singuliers aussi les fruits souterrains. Les uns, comme ceux du Trèfle souterrain, se sont formés à l'air libre et sont enfouis peu à peu dans le sol par un mouvement de leur pédoncule ; les autres, comme ceux de la Vicia amphicarpa, Légumineuse de la région méditerranéenne, proviennent de fleurs qui n'ont jamais vu la lumière et accomplissent sous terre tout leur développement jusqu'à la formation du fruit ; pauvres fruits, maigres, chétifs, pâles et presque sans graines !

Les annexes du fruit.

L'ovaire seul peut donner un fruit, mais parfois d'autres organes floraux, au lieu de se flétrir, persistent et s'accroissent en même temps que l'ovaire et forment au fruit des annexes, en certains cas plus volumineuses que lui-même, mais qui, même de dimensions plus modestes, en compliquent la forme, en modifient l'aspect, le protègent ou facilitent sa dissémination.

Le style, filament plus ou moins délié qui surmonte l'ovaire dans la fleur, peut se dresser encore sur le fruit. Court et glabre, il passe d'ordinaire inaperçu, mais dans la Benoite il grandit et, à la maturité, arme chaque akène d'un long crochet recourbé, organe de dissémination.

Les cinq styles des Géraniums et des Érodiums s'allon-

gent à n'en plus finir ; soudés en une colonne centrale se
terminant en pointe, ils res-
semblent comme forme et pres-

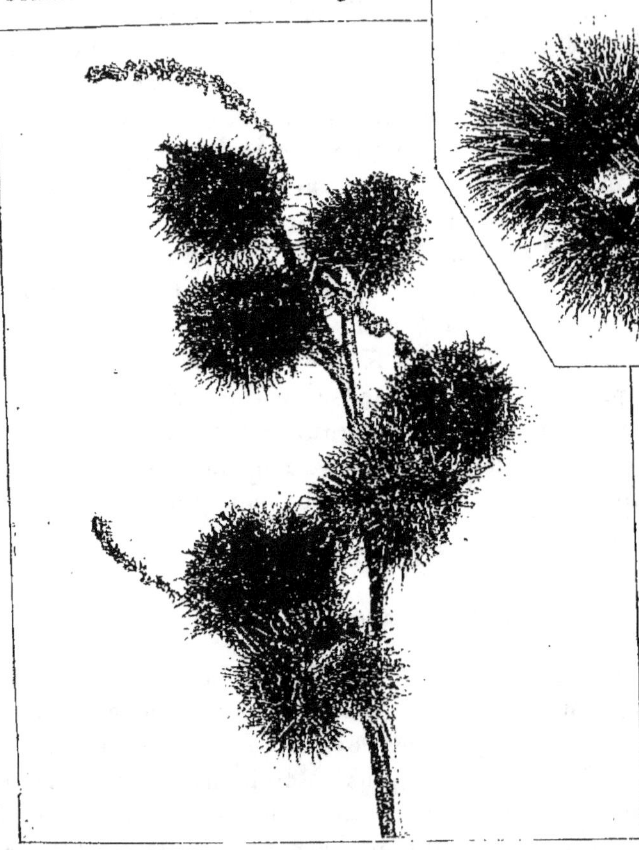

Fig. 18. — Il n'est guère de semences mieux protégées que
celles du Châtaignier. Une cupule les entoure, hérissée de
pointes rigides, piquant au sang dès qu'on y touche.

que com-
me dimen-
sions, pro-
longeant
de 10 cen-
timètres,
chez cer-
taines es-
pèces, un
fruit de
quelques
millimè-
tres, à un
bec im-
mense d'é-
chassier,
d'où les

noms vulgaires de *Bec-de-grue*, *Bec-de-cigogne* donnés aux
plantes qui les portent.

Les styles de l'Anémone pulsatile, ceux des Clématites,
vingt fois plus longs que les fruits qu'ils prolongent, sont

couverts de poils ténus qui leur donnent un aspect plumeux. En troupes serrées, les fruits des grimpantes Clématites couvrent les arbres et les buissons d'une barbe blanche comme neige qui s'enlève vivement sur les verdures des feuilles et les bruns des écorces, élégante parure d'arrière-saison. Rien n'est léger, aérien, comme un de ces stigmates examinés de près. On admire que les mêmes forces qui organisent les matières du sol et de l'air en un tronc gigantesque couvert de rides et de verrues, puissent façonner ce délicat objet.

Dans les Pavots, le stigmate, aux stries inégales et rayonnantes comme une rose des vents, forme à la capsule un toit joliment orné.

Après avoir, en son bouton, protégé la fleur, le calice entoure assez fréquemment le fruit. Il est, pour la fraise, pour la baie de la Belladone, pour d'autres encore, une élégante collerette : il enserre en un mignon fourreau les akènes de beaucoup d'Oseilles et de Renouées. Chez le Coqueret, Solanée commune en nos vignes, c'est un ample sac écarlate, sorte de lanterne vénitienne qui emprisonne, au lieu de bougie, une baie rouge et luisante comme une cerise. Pendant l'hiver, le tissu cellulaire est détruit, les nervures restent, le sac devient une cage en dentelle à travers lequel on aperçoit le fruit, ce qui explique suffisamment le gracieux nom d'*Amour en cage*.

Encore une création du calice les blancs filaments qui accompagnent le fruit chez nombre de Composées : pompons minuscules des Chardons, vaporeuses aigrettes des Asters, gentils parapluies de Pissenlits (fig. 54).

Quand ces parties accessoires revêtent des couleurs vives, acquièrent une chair comestible, elles trompent le profane qui, s'en fiant au sens du goût, les prend pour le fruit lui-même ; mais le botaniste intervient, fort de sa science, remet chaque chose à sa place et rend à l'ovaire ce qui lui appartient.

Parmi ces faux-fruits est la coupe rouge, à chair à la fois sucrée et acidule, qui entoure les akènes des Rosiers ; elle provient de la partie inférieure des enveloppes florales.

Faux-fruits encore la figue dont la masse pulpeuse est l'ancien réceptacle du capitule creusé en bouteille et soudé aux bractées, et la fraise si odorante et si parfumée qui, au cœur de l'été, égaie de ses taches rouges le tapis des bois. Sa chair sucrée est la partie supérieure du pédoncule floral.

Les fruits de plusieurs arbres de nos forêts présentent une curieuse annexe, la *cupule*. Au milieu d'elle est la noisette ; découpée en fer de hallebarde, autour du fruit du Charme elle se dresse. A l'origine, simple excroissance, mince bourrelet en anneau à peine apparent sous le périanthe, la cupule se développe et durcit. Celle du gland, couverte d'écailles, est largement ouverte ; complètement fermées, au contraire, sont les cupules épineuses du Hêtre et du Châtaignier ; la première, sur deux faînes ; l'autre, sur trois châtaignes. Hérissée de pointes rigides dressées en tous sens, acérées comme des aiguilles, qui piquent au sang dès qu'on y touche, la cupule du Châtaignier est une des défenses le plus formidables dont puissent être pourvues des semences (fig. 18).

Dans l'amas de soins et d'attentions dont la formation du fruit est entourée, les annexes ont un rôle important. Elles protègent par leur dureté, par les poignards dont elles sont armées, ou elles constituent, comme les aigrettes des Composées, les panaches des Clématites, la bouteille charnue des Églantiers, des organes disséminateurs. Même quand nous ignorons le pourquoi de leur présence, nous devons admettre qu'elles sont utiles et qu'une étude attentive, des observations répétées, de multiples comparaisons, de l'énigme qu'elles posent nous donneront un jour le mot.

Les fruits charnus.

Si l'ovaire doit donner un fruit charnu, sa paroi se modifie profondément ; ou elle devient entièrement molle et le fruit est une baie, ou sa partie extérieure seule se transforme en pulpe ; l'interne, ligneuse, enveloppant la graine unique dans un noyau dur.

Les cellules de la paroi ovarienne conservent des cloisons minces, sont très aqueuses et, du jour même de la fécondation jusqu'à leur décomposition finale, des substances vont y apparaître, s'y combiner, s'y transformer. C'est un véritable laboratoire où la nature, chimiste jusqu'ici inimitable, accomplit sans arrêt les réactions les plus complexes.

D'abord tout se borne à un accroissement. Les forces vives de la plante, concentrées pendant la floraison vers la perfection des corps reproducteurs, sont dirigées maintenant sur l'ovaire.

Resté seul de tous les organes floraux, il reçoit en abondance par son pédoncule l'eau et les matières minérales, fait des échanges avec l'air, respire et, encore chargé de chlorophylle, assimile le carbone : il grossit rapidement.

Puis apparaissent de l'amidon, du tanin et des acides, parfois des matières grasses comme dans l'olive. A ce stade, le fruit est acide, âcre, astringent, immangeable.

La nature et la proportion des matériaux qui s'y accumulent changent à chaque instant. Les acides subissent une lente combustion, le tanin et l'amidon disparaissent, des sucres se forment en même temps que du mucilage, des alcools, des éthers... De la combinaison, des proportions de tous ces produits résulte la saveur du fruit.

Tous, il s'en faut, n'ont pas une chair parfumée par les éthers, édulcorée par la gamme des sucres ; ceux de la Bryone dioïque sont toujours amers ; ceux du Lierre, du

Sureau, du Houx (fig. 19) combinent en leurs cellules des purgatifs énergiques ; ceux de la Parisette, de l'Arum, de

Fig. 19. — Le contraste est remarquable entre la couleur des fleurs et celle des fruits. Les fleurs rouges sont rares sous nos climats ; beaucoup de fruits, au contraire, sont d'un rouge vif, tels ceux du Houx.

la Belladone surtout, distillent des alcaloïdes qui sont de violents poisons.

Savoureuse ou empoisonnée, la chair du fruit est alors entourée d'une enveloppe d'ordinaire luisante et de couleurs vives. Le fruit est mûr, mais comme dans tout organe les transformations continuent à s'y produire sans arrêt, jusqu'à la mort, jusqu'à la destruction complète, jusqu'à la mise en liberté des éléments momentanément combinés. L'air envahit les cellules du péricarpe, la chair brunit, se ramollit, la peau se ride, des fermentations s'accomplissent : c'est le blettissement, puis bientôt la putréfaction qui, au milieu d'un engrais favorable à sa germination, rend libre la graine. Tel est l'aboutissement de tous ces parfums, de toutes ces saveurs, de ces nuances brillantes qui nous plaisent dans les fruits.

Les fruits secs ont une déchéance moins apparente. Après s'être ouvert pour laisser tomber les semences, leur péricarpe, dont les cellules sont pleines d'air et non de liquides, se transforme en une fine dentelle, élégant squelette que, peu à peu, anéantissent les gelées de l'hiver, les pluies et les vents du printemps.

Les nécessités de la déhiscence, celles de la dissémination, déterminent chez les fruits secs une foule de détails, d'ornementations par lesquels leur forme diffère souvent beaucoup de celle de l'ovaire. Les fruits charnus copient d'ordinaire avec fidélité la forme de l'organe initial : ils sont plus ou moins sphériques. Leur beauté est ailleurs. Aux fleurs la nature a donné les plus tendres nuances de sa palette, elle a gardé les plus éclatantes pour la peau des fruits ; elle la pare de l'éclat de la nacre, la lisse et la rend brillante comme un miroir, la recouvre d'un enduit cireux qui semble la saupoudrer de farine ou la protège par un léger duvet.

Contraste entre la couleur des fleurs
et celle des fruits.

Un fait curieux, remarqué dans toutes les régions du globe, est le contraste entre la couleur des fleurs et celle des fruits charnus qui en proviennent.

Le blanc, le vert et le jaune sont les couleurs les plus répandues parmi les fleurs ; or, de toutes nos plantes indigènes, une seule a des fruits blancs, le Gui ; une seule a des fruits verts, le Groseillier épineux ; deux ont des fruits jaunes : certains Pommiers sauvages et l'Arbousier faux nerprun, du littoral de la Manche.

Au contraire, peu d'espèces ont des fleurs rouges et aucune corolle n'est entièrement noire, tandis qu'une bonne moitié des fruits charnus sont rouges ou violet foncé ; tels les fruits des Ronces, des Prunelliers, du Nerprun, du Sureau, du Troène, du Lierre, etc., et, dans près de 40 p. 100, on rencontre les différentes variétés du rouge : fruits de l'Aubépine, du Sorbier, de la Douce-amère, de la Bryone, du Houx, du Framboisier, de l'Épine-vinette, du Tamier, etc.

La plupart des fruits succulents proviennent de fleurs blanches.

Des fleurs bleues, assez nombreuses cependant, aucune n'en donne et il n'existe pas d'ailleurs de fruits nettement bleus.

On explique actuellement ce contraste par le fait qu'au cours d'une même année, la plante doit s'adapter à deux groupes d'êtres ayant des sens esthétiques différents ; pendant sa floraison, elle a besoin des insectes qui la pollinisent ; à l'automne, elle doit attirer les oiseaux qui disséminent ses graines.

Quoi qu'il en soit, les fruits mous sont toujours colorés de façon à ressortir au milieu de leur feuillage ou de leur entourage ; leurs vives couleurs n'apparaissent qu'au moment de la complète maturité ; elles attirent les oiseaux qui mangent la pulpe et rejettent les semences, assurant ainsi, par un enchaînement admirable de circonstances, la perpétuité de l'espèce qui les nourrit.

Pour ceux qui ne passent pas à travers le tube digestif des oiseaux, leur chair molle, putréfiée, est un engrais favorable à la germination des graines, mais pendant la vie du fruit elle est, pour ces dernières, une insuffisante protection. Aussi le tégument des graines est-il d'autant plus épais et solide que le péricarpe est mince et mou. A fruit charnu, graines dures. Les semences enfermées dans les baies sont pierreuses, celles que protègent des noyaux sont tendres ; les deux enveloppes, tégument de la graine et péricarpe, se suppléent donc vis-à-vis de l'amande, en tout cas protégée.

CHAPITRE VI

GRAINES QUI VOLENT ET FRUITS QUI ÉCLATENT

La plante est fixée au sol et meurt où elle a germé et vécu, mais les corps reproducteurs qu'elle forme, spores, œufs ou graines, quand ils sont mûrs, c'est-à-dire capables de perpétuer l'espèce, se séparent d'elle et, à l'aide de dispositions particulières fort curieuses, de mécanismes parfois compliqués, grâce aussi au hasard qui joue son rôle dans la vie des plantes comme dans celle des hommes, peuvent être transportés fort loin de la plante qui leur a donné naissance. Cette dissémination est indispensable à la conservation de l'espèce, car si toutes les graines tombaient sur un espace restreint, les plantules qu'elles donneraient s'étoufferaient ; aucune ne viendrait à point.

Les adaptations disséminatrices, souvent l'apanage du fruit, sont quelquefois celui des semences. Quand un fruit renferme plusieurs graines, l'ouverture de sa paroi constitue le mode le plus simple d'éparpillement de son contenu. Follicules d'Aconit, d'Hellébore s'ouvrant par une fente, gousses des Légumineuses, siliques des Crucifères, par deux ou quatre, capsules aux déhiscences variées, laissent ainsi à l'automne, au gré du vent qui les secoue, sur le sol tomber leurs semences.

Les plantes qui sèment leurs graines.

Cette déhiscence passive, pour ainsi dire, ne suffit pas à certains fruits. Violettes, Balsamines, Géraniums, Genêts, Cardamines savent se passer du geste auguste du semeur.

Leurs fruits ont des ressorts simples, mais efficaces qui, au moment propice, à plusieurs mètres lancent les graines à la volée.

L'*Ecballium elaterium*, la Momordique des anciens auteurs, le Concombre sauvage du paysan, croît spontanément au sud de la Loire dans les champs et au bord des routes. Son fruit oblong, d'une amertume extrême, semblable à un concombre,

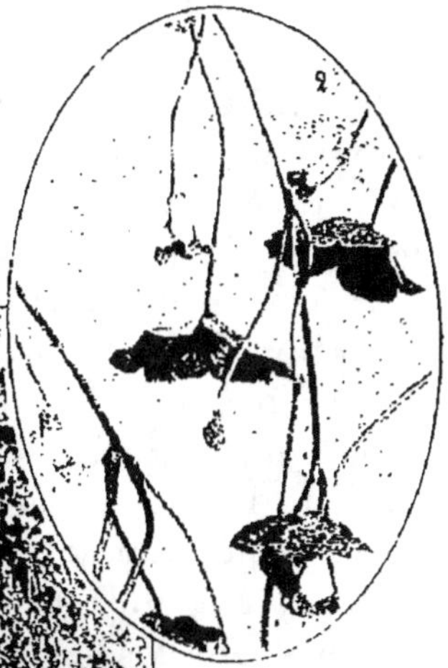

Fig. 25. — Les plantes sauvages se passent du geste auguste du semeur. La Cymbalaire (1 et 2) porte elle-même les graines dans ses fissures des pierres. Les capsules d'Orchidées (3) s'ouvrent par trois fentes et le moindre balancement de la tige lance en tous sens leurs graines minuscules.

recouvert de poils rudes, pend à l'extrémité d'une crosse, son pédoncule, le point d'attache tourné vers le haut. En mûrissant, sa chair se résout en un liquide dans lequel nagent les graines. Comprimé par la paroi élastique du fruit, il presse de plus en plus sur la base du pédoncule, finit par la rejeter au dehors et le fruit, désarticulé, percé brusquement d'une ouverture, en tombant lance pulpes et graines. Spontanée est d'ordinaire cette canonnade.

La moindre agitation, un coup de vent, une voiture qui passe sur la route, la main ou le pied d'un malicieux ami qui, sournoisement, vous voyant occupé, touche au pédoncule, suffisent pour vous faire asperger de la belle façon. Il est vrai que le « terrain » sur lequel a lieu la dissémination, en ce cas, n'est pas favorable à la germination, mais il faut bien s'essuyer, se débarrasser des semences, elles tombent à terre et le résultat est acquis.

Ce qu'accomplit brutalement un ressort, la plante peut le faire lentement, plus sûrement peut-être.

La jolie Linaire cymbalaire qui, chaque printemps, rajeunit les vieux murs de la verdure luisante de ses feuilles et du violet pâle de ses fleurs si coquettement irrégulières, ne confie à nul être au monde le soin de propager ses graines, elle les sème elle-même (fig. 20).

Tout pédoncule qui porte un fruit, s'allonge, rampe le long des pierres, en tâte la surface, comme un aveugle, de son bâton, la terre du chemin. Dès qu'il rencontre la moindre fissure il y enfonce le fruit, puis se flétrit ayant accompli sa besogne. Les graines ainsi mises en lieu sûr germeront au printemps.

D'autres plantes ont des pédoncules floraux doués de mouvements analogues, mais c'est dans la terre qu'elles enfoncent leurs fruits. Tel est le Trèfle souterrain, petite espèce à fleurs blanches, assez commune dans l'ouest et le centre de la France. Dès que ses fleurs ont été fécondées, leurs pédoncules croissent en se recourbant et les enfouissent peu à peu dans la terre nourricière. Ce Trèfle produit peu de graines, car aucune n'est perdue.

Les graines des Érodiums se terminent par une sorte de long appendice, à base spiralée, semblable à une moitié longitudinale de plume d'oiseau. Si l'on fixe ces graines verticalement, l'appendice s'enroule ou se déroule suivant le degré d'humidité de l'air. Supposons une de ces graines posée sur le sol par un temps humide, la partie effilée qui constitue la demi-plume se contracte, la graine se relève verticalement, mais bientôt la base spiralée se déroule et enfonce un peu la graine dans le sol. Si l'atmosphère devient sèche, la base spiralée s'enroule de nouveau, mais ce mouvement n'atteint pas la graine. Au contraire, si l'humidité reparaît, la semence est enfoncée un peu plus profondément.

Les semences du Stipe penné sont de même pourvues d'un ressort — et quel ressort! il a parfois 30 centimètres — qui s'enroule ou se déroule suivant le degré d'humidité de l'air, mais finit toujours par enterrer la graine à laquelle il est annexé.

La dissémination par les mammifères.

Il est des semences auxquelles le fruit donne le mouvement; d'autres, sans le secours d'un ressort, vont beaucoup plus loin; elles marchent ou courent avec les mammifères. La paroi de leur fruit se hérisse d'aiguillons, de crochets recourbés, d'hameçons perfides et tout cet arsenal de harpons, de crocs, de grappins est destiné au bœuf pesant qui passe, chassant, d'impatients mouvements de sa queue, les mouches qui le harcèlent; aux moutons qui se pressent, se bousculent, bêlant troupeau pour lequel toute route est trop étroite; au chien, de poil bourru qui, indispensable auxiliaire, fier de l'importance de sa mission, court en aboyant d'un bout à l'autre de la colonne; au berger lui-même dont la grossière limousine, large, flotte au vent. Le crochet aveugle harponne la queue du bœuf, la laine du mouton, les poils du chien, le vêtement du berger et voilà les semences emportées qui sait où? Il n'est si long voyage qui ne finisse pourtant; elles tombent un jour, puis germent.

Aigremoine (fig. 21), Caucalis, Circée, Carotte sauvage
(fig. 21), Gaillet gratteron, Benoîte,

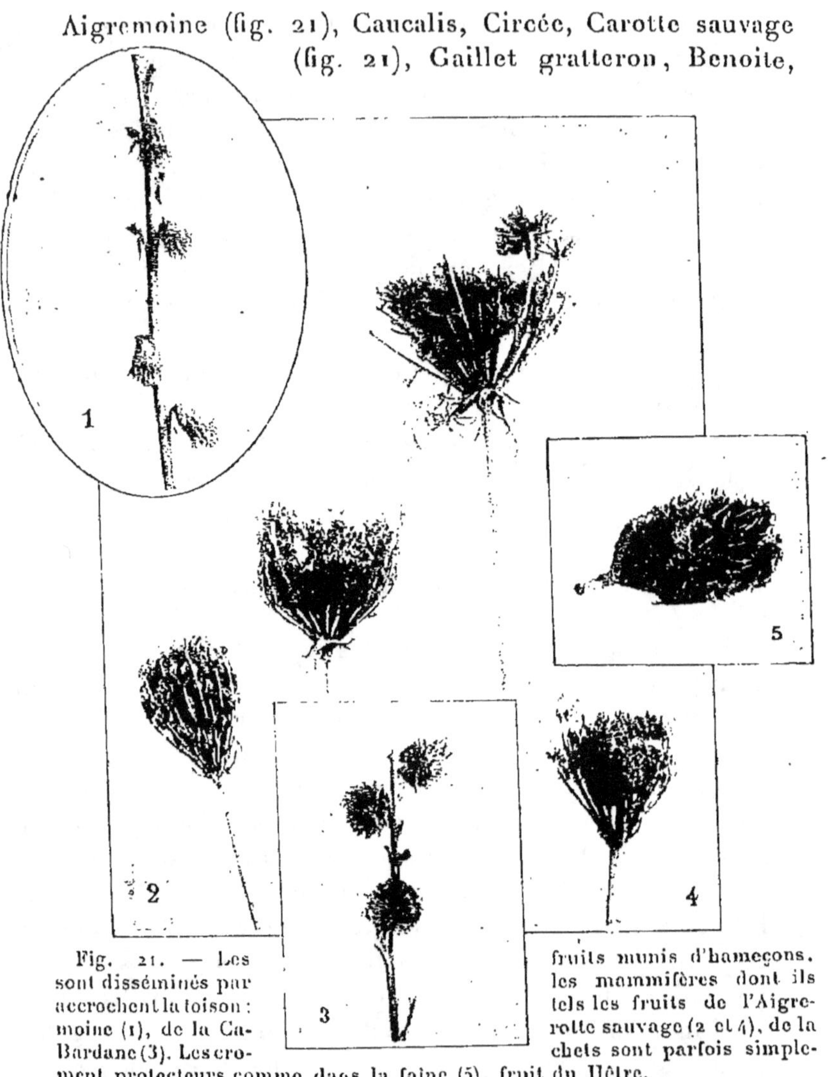

Fig. 21. — Les fruits munis d'hameçons. sont disséminés par les mammifères dont ils accrochent la toison : tels les fruits de l'Aigremoine (1), de la Ca-rotte sauvage (2 et 4), de la Bardane (3). Les cro-chets sont parfois simple-ment protecteurs comme dans la faîne (5), fruit du Hêtre.

Sainfoin, Luzerne, Graminées à arêtes aiguës font ainsi transporter leurs graines. La perfection du système qui permet aux fruits *zoophiles*, quand leur maturité est suffisante, de s'accrocher au premier être qui les frôle, n'est nulle part plus grande que dans la Bardane (fig. 21) Composée aux feuilles très larges, cotonneuses. Ses capitules de fruits forment des boules ayant l'aspect peu confortable d'artichauts minuscules, dont chaque feuille est terminée par un crochet recourbé. Qu'un de ces hameçons, un seul, vienne au contact d'un poil laineux, d'un vêtement, la boule se sépare de la plante et, tenace, se cramponne à son nouveau support comme si sa vie en dépendait.

Elle en dépend peut-être. Cependant qui nous prouve que ces engins d'abordage se sont développés spécialement pour se prendre à la toison des bêtes ? Si cette disposition est accidentelle, nous devons en retrouver des exemples dans tous les groupes, dans les buissons et les arbres, dans les herbes et les plantes d'eau. Or, sur environ trente espèces à fruits à crochets que compte notre flore, aucune n'est aquatique, aucune arborescente ; toutes sont des herbes, mais non trop petites, à taille d'un mètre à un mètre et demi ; c'est-à-dire de hauteur convenable pour s'offrir un voyage à flanc d'animal.

On s'étonnera peut-être moins après ces remarques, que sir John Lubock ait osé affirmer que l'apparition sur la terre des plantes dont les fruits ou les graines sont munis de crochets a dû coïncider avec celle des mammifères terrestres.

Autre remarque. Les crochets sont, pour les semences, un procédé de dissémination de tout repos. Avec eux, il n'y a pas à craindre, comme pour les fruits que porte le vent, la chute dans l'eau ou sur un lieu aride, roc, muraille ou toit ; les bœufs sont des gens sérieux ; ils n'ont pas d'envolées comme cet étourdi de vent ; tout fruit qui leur est confié arrive à bon port. La plante n'a donc pas besoin d'une fécondité excessive et, de fait, les fruits à crochets contiennent peu de graines ; la méthode est économique.

Si dans un genre, il est des espèces à fruits zoophiles et d'autres à fruits dépourvus de ce moyen de dissémination, on peut affirmer que les premières portent moins de semences que les autres.

La Renoncule des prés est là pour nous le prouver. Chacune de ses fleurs ne donne que quatre à cinq fruits hérissés d'épines alors que chez les autres Renoncules non zoophiles, il y en a une cinquantaine par fleur.

Les herbivores qui, par leur organisation même, semblent destinés à détruire les plantes, peuvent donc être utiles à leur propagation. Ils y contribuent aussi par un autre moyen.

Le voyage des semences ne se fait pas toujours au grand air ; elles prennent quelquefois « l'intérieur ». Alors que l'estomac du ruminant, machine parfaite pour le but à remplir, attaque et digère toute matière végétale, celui du cheval laisse sortir intactes les graines que la dent n'a pas broyées.

Le moineau des villes adore le cheval. C'est qu'en effet si ce quadrupède est la plus noble conquête de l'homme, son crottin est la plus utile conquête du moineau ; il renferme toujours tant de grains d'avoine à son gré savoureux ! Quand le dernier cheval de fiacre aura disparu écrasé par l'automobile triomphante, quand le cheval-vapeur seul sillonnera nos rues, le moineau nous quittera à tire d'ailes et gagnera les campagnes où l'on peut manger l'avoine au tas. C'est pour la même raison tirée des fonctions digestives que les chevaux gâtent les prairies en y introduisant quantité d'herbes étrangères.

Les glands, les faînes, les châtaignes, les marrons d'Inde servent à la nourriture des écureuils, des mulots et d'autres petits rongeurs, mais il n'en résulte pas toujours un inconvénient pour la conservation de l'espèce. Ces fruits, emportés par l'animal dans sa sûre retraite, sont parfois perdus en route, ou bien, emmagasinés, sont oubliés à la suite de

quelque événement grave qui trouble l'existence du proprié-
taire.

La dissémination par les oiseaux.

Les fruits les plus lourds, sans ressorts pour être lancés,
sans panaches pour se faire transporter par le vent, sans
harpons pour s'accrocher aux mammifères, sont ceux qui
font parfois les plus lointains voyages ; ils traversent les
fleuves, franchissent les bras de mer ; ils volent avec les
ailes de l'oiseau. Baies et fruits à noyau n'ont pas d'autre
moyen de dissémination.

Quelques herbes comme la Parisette, la Belladone, l'Asperge, le Tamier, ont des fruits charnus, mais la plupart
de ces derniers sont portés par des arbustes et des arbrisseaux. Il suffit de citer le Prunellier, l'Églantier, l'Aubépine, le Lierre, le Sureau, le Camérisier, le Houx, le
Troène, la Ronce, les Groseilliers, l'Épine-vinette (fig. 22),
le Genévrier, plantes de buissons, abritant les petits
oiseaux.

Ces fruits ont une peau luisante ; des couleurs, le rouge et
le noir surtout, qui n'apparaissent qu'à la maturité et ressor-
tent vivement à l'automne sur les teintes effacées des
écorces, encore plus en hiver sur le linceul des neiges. Les
oiseaux qui nous sont demeurés fidèles les aperçoivent donc
de fort loin. Notons qu'ils ont des semences dures, pierreuses, ou protégées par un noyau.

Tout y semble disposé pour attirer ceux qui doivent les
transporter ; leurs vives couleurs servent d'enseigne, leur
chair sucrée d'appât. On peut même affirmer que si ces
fruits ne sont pas odorants, c'est que les oiseaux ont l'organe de l'olfaction peu développé ; ce seraient des parfums
perdus.

Quant à la dureté des semences, elle leur permet, sans
grands risques, un séjour de quelques heures dans un gésier
à contractions énergiques et un voyage à travers l'intestin

de l'habitant de l'air qui s'est chargé du transport. Bien
mieux, on a affirmé que le « pralinage » naturel que subis-

Fig. 22. — A fruit charnu, graines dures. Les baies rouges de l'Épine-
vinette ne font pas exception. Les oiseaux en mangent la chair et rejettent
les semences qu'ils disséminent.

sent les graines à la sortie du cloaque est favorable, indispensable même — ce qui est d'ailleurs inexact — à leur germination.

D'après sir Ch. Lyell, les fermiers, dans certaines parties de l'Angleterre, voulant obtenir une haie vive en aussi peu de temps que possible, donnent à leurs dindons des repas de cenelles, recueillent précieusement les semences que ces oiseaux laissent échapper à l'extrémité du tube digestif et les mettent en terre. Ils prétendent, par ce procédé, plutôt malpropre, gagner une année pour la croissance de la haie.

C'est l'oiseau qui sème au sommet des murs, dans les fentes des rochers, sur le tronc des vieux Saules, le Groseillier, la Douce-amère, l'Aubépine et bien d'autres plantes à fruits mous et lourds sur lesquels le vent n'a aucune prise.

Il est même certaines plantes comme le Gui, dont l'espèce périrait sans lui. Si son fruit était confié au vent ou se détachait par son seul poids, il faudrait un grand hasard pour qu'il tombât sur une branche et y restât. La grive, et peut-être aussi le merle et le geai, mangent une quantité prodigieuse de ces baies nacrées, au suc gluant. Les grives, disaient les anciens, produisent la glu qui doit servir à les prendre. En effet, les dures semences traversent intactes le tube digestif et sont rejetées sur une branche, avec les déjections et la matière visqueuse du fruit qui les colle.

Des observations plus récentes ont démontré que cette vieille et classique explication n'est peut-être pas la bonne. On croit plutôt aujourd'hui que la grive mange seulement la pulpe et que la plupart des fruits restent collés au bec ; l'oiseau, pour s'en débarrasser, frotte ce dernier contre les branches et dépose les semences dans une fente de l'écorce.

Parmi les fruits mous, il en est de toxiques : ceux du Lierre, de la Douce-amère, de la Bryone, de la Bourdaine, etc. Comment expliquer l'immunité que les oiseaux semblent posséder vis-à-vis de ces poisons ?

Très facilement, disent certains naturalistes. Les oiseaux, prévenus par leur instinct ne touchent pas aux fruits très toxiques, comme ceux de la Belladone, et mangent très peu de ceux qui le sont moins. Vous n'y êtes pas, répondent les autres ; ils sont habitués aux poisons ; l'hérédité et l'accoutumance les leur rendent inoffensifs.

D'après un naturaliste anglais, M. Lowe, les oiseaux consomment en abondance tous les fruits charnus, mais ils régurgitent peu après, par la bouche, la peau et les graines, ce qui leur évite tout empoisonnement, car ce sont d'ordinaire ces parties du fruit qui contiennent la plus forte proportion du poison.

Fruits secs et graines peuvent, en quelques cas, aussi bénéficier du transport par les oiseaux. Il est des gousses qui, velues, tortillées, annelées, ressemblent à des chenilles et à des millepattes. Quelques bêtes à plumes s'y laissent tromper et les transportent au loin, avant de les rejeter au hasard. Beaucoup de poissons d'eau douce, s'il faut en croire Darwin, mangent des graines de plantes aquatiques et sont à leur tour dévorés par des oiseaux tels que le héron. Celui-ci dans son vol emporte les semences qu'il déposera dans quelque étang.

La terre qui s'attache aux plumes des oiseaux, la boue qui reste adhérente à leurs pattes contiennent des graines capables de germer. Darwin rapporte avoir reçu de l'ornithologiste Newton une patte de perdrix rouge souillée par de la boue durcie.

Après avoir été conservée trois ans au sec par le grand naturaliste, cette terre fut arrosée et placée sous une cloche de verre pour éviter l'apport des graines du voisinage. Il en sortit tout un jardin : 82 plantes réparties entre plusieurs espèces !

La dissémination par le vent.

Le vent est peut-être le principal agent disséminateur. Les tempêtes, les cyclones, avec la vitesse d'un express, charrient au-dessus des plaines, chassent d'une vallée à l'autre, les graines les plus pesantes. C'est là un mode de propagation intermittent. Des forces moins brutales, mais plus régulières sont plus efficaces. La brise légère qui caresse et ne renverse pas, plus que l'orage, transporte des semences, mais il faut que ces dernières possèdent des qualités spéciales, soient conformées en vue de la force qui les doit saisir.

Les Cryptogames ont des germes en poudre impalpable qui restent longtemps suspendus en l'air et dont la dispersion est des plus faciles. Quand on presse un Lycoperdon à sa maturité, ses spores s'échappent en un nuage de fumée très claire à peine perceptible. Cette ténuité des germes explique pourquoi les Lichens montent à l'assaut des murs et des écorces, pourquoi les Champignons recouvrent les arbres morts, pourquoi les Fougères pendent le long des rochers et des cascades.

Les graines des Orchidées, des Orobanches, produites en nombre immense, sortent des capsules en une poudre comparable à de la fine sciure de bois. Il est telles graines dont il faut plus de 3oo pour peser 1 centigramme.

Sans avoir une pareille ténuité, les fruits plats des Lunaires, des Alyssons, des Giroflées, taillés en écailles légères, sont emportés par la plus faible brise.

Le fruit de la Valérianelle à oreilles a trois loges et devrait contenir trois graines, mais une seule se développe et les deux loges vides deviennent plus larges que celle qui contient la graine. Pourquoi cette disposition, sinon pour alléger le fruit ?

Les graines très légères présentent des avantages, elles sont favorables à certains modes d'existence, à l'épiphytisme, par exemple, mais il est difficile de pourvoir des enfants trop nombreux ; le bagage que possède chaque germe pour commencer la vie est par trop réduit et les premières phases de son existence en souffrent. Beaucoup de plantes produisent moins de graines — ce moins est encore énorme — mais les munissent mieux ; le poids des semences augmente et pour qu'elles puissent quand même bénéficier de l'action disséminatrice du vent, il faut joindre aux réserves un appareil de vol : voile, aile ou panache.

Ces fruits *anémophiles* peuvent se rapporter à deux groupes : *fruits ailés* et *fruits à aigrettes*.

Les fruits ailés sont

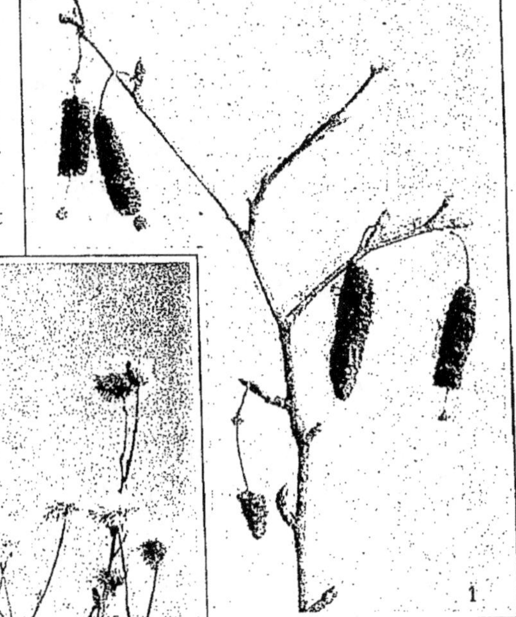

Fig. 23. — Le vent dissémine les graines légères du Bouleau (1), minces écailles groupées en épis, se séparant à la maturité, les fruits à aigrettes de l'Érigéron âcre (2) et de tant d'autres Composées.

surtout formés par les arbres de nos forêts. La semence de l'Orme est entourée par une voile ovale qui, sans trop l'alourdir, décuple sa surface; la voile des semences du Frêne, celle du Tilleul (fig. 16) sont étroites et allongées; celle du Charme est à trois lobes élégamment découpés. Le fruit de l'Érable porte deux voiles symétriques, recourbées et façonnées comme des ailes d'insecte (fig. 24).

Groupés en un chaton pendant, les fruits minuscules du Bouleau se détachent peu à peu du groupe (fig. 23), comme les cartes d'un jeu, et leurs deux ailes mignonnes tournoient sous la brise qui, doucement, les dépose parfois bien loin du lieu où elle les a pris.

Ces voiles, ces ailes, membranes aplaties à peine découpées, sont des organes bien lourds à côté des délicates aigrettes, des gracieux panaches, des plumes soyeuses qui surmontent les fruits de beaucoup d'herbes : Clématites, Linaigrettes, Typha, Anémone pulsatille, Dompte-venin, Épilobe, Pissenlit (fig. 54), Érigéron (fig. 23) et la plupart des Composées. Au moindre souffle de vent, tous ces blancs filaments filent comme des flèches ; de même, les graines des Saules et des Peupliers couvertes de leur bourre soyeuse.

Toute l'année, sauf l'hiver, période de repos, voltigent et tournoient à tous les caprices du vent ces semences amies de l'air. Au printemps, celles des Ormes ; en été, celles des Saules et des Érables ; l'automne est l'époque des blancs vols éperdus des semences à aigrette, neige féconde qui, lentement, tombe sur le sol d'où le renouveau fera jaillir une abondante moisson.

Trop abondante même, quand ce sont les semences des Cirses, des Chardons, avant-garde de l'armée des Composées nuisibles, qui s'abat ainsi dans les champs.

Par le vent sont garnis les vieux murs de leur adorable parure de Mousses, de Giroflées, de Mufliers ; jardinier fantaisiste, c'est lui qui, au tronc creux des arbres, fait pousser toute une flore étonnée de se trouver là et surmonte un vieux Saule tétard d'un jeune Frêne ou d'un Tilleul. Souvent aussi, il transporte les graines dans des endroits où elles ne peuvent germer : beaucoup sont perdues ; d'où nécessité pour les plantes anémophiles d'en produire un grand nombre.

De même qu'on n'observe jamais de fruits à crochets, à dissémination par la toison des mammifères, chez les plantes aquatiques, ni sur les grands arbres, on ne rencontre pas de graines ailées dans les fruits qui ne s'ouvrent pas. Cette

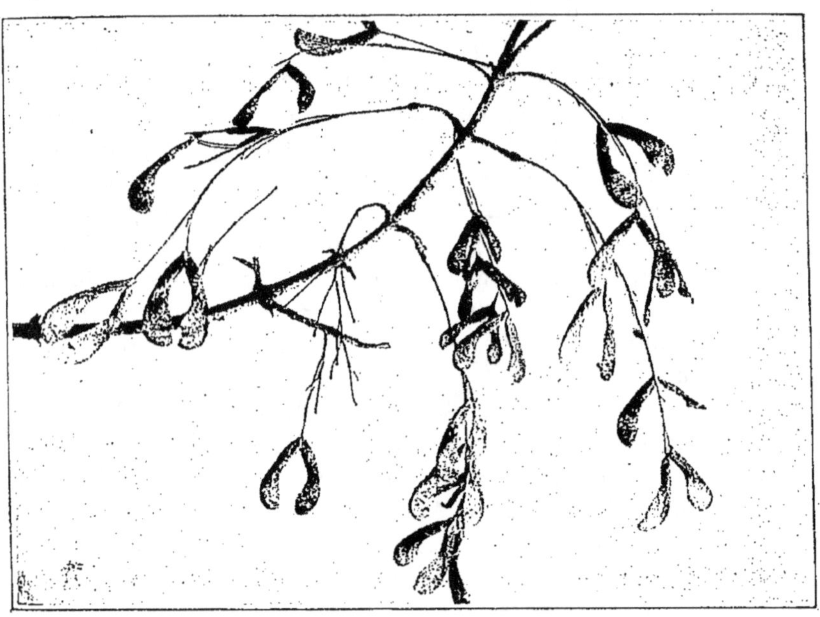

Fig. 24. — Le fruit des Érables possède pour appareil de vol, deux voiles symétriques recourbées et façonnées comme des ailes d'insecte.

remarque seule prouverait que les ailes sont faites en vue de la dissémination par le vent.

Il est des graines qui, par un autre moyen, tant sont variées les ressources de la nature, bénéficient des mouvements de l'atmosphère.

Parmi les Campanules, certaines espèces sont à capsules dressées, d'autres à capsules pendantes; or les premières s'ouvrent au sommet, les secondes à la base. Résultat : les semences ne peuvent sortir que lorsqu'un vent violent fait pencher les fruits.

Si, comme par une trappe, la capsule du Coquelicot de nos champs s'ouvrait près du pédoncule, les nombreuses graines qu'elle renferme tomberaient toutes au pied de la plante ; mauvaise condition pour la germination, comme on sait. Aussi, s'ouvre-t-elle au sommet par une série de petits trous que protège de la pluie l'avant-toit circulaire que forme le stigmate. Chaque trou ne peut laisser sortir qu'une graine à la fois et seulement quand le fruit est penché. Un doux zéphir le balance mollement et projette, à chaque oscillation, quelques graines à une faible distance de la plante ; un vent plus fort les lance plus loin et, par ses changements de direction, les sème, en quelques jours, autour de la plante-mère.

La dissémination par l'eau.

L'eau est un puissant moyen de dissémination dont peuvent bénéficier toutes les graines livrées aux caprices des vents, mais il est le seul qui convienne aux fruits lourds, non comestibles pour les oiseaux. Portés par des plantes croissant sur le bord des rivières, ils y tombent en grand nombre et ces chemins qui marchent les transportent parfois jusqu'à la mer où ils se perdent, minuscules épaves, après tant d'autres. Souvent aussi, le courant les dépose à la pointe d'une île au riche humus, véritable pays de Cocagne, sur le bord d'une anse paisible où il fait bon vivre dans un sol toujours frais, au doux murmure de l'eau, ou même sur la vase d'un delta.

Commencé sur la rive d'un fleuve, leur voyage peut se terminer dans l'intérieur des terres après une inondation.

Le vent soulève les graines et les porte parfois jusque sur les montagnes ; l'eau leur fait accomplir un trajet inverse.

Qui dira combien de semences formées par les arbres qui garnissent les hautes pentes, entraînées par les torrents, reprises par les rivières dans les hautes vallées, sont ainsi transportées dans les plaines.

Ces flottes végétales, nombreuses à l'automne, compren-

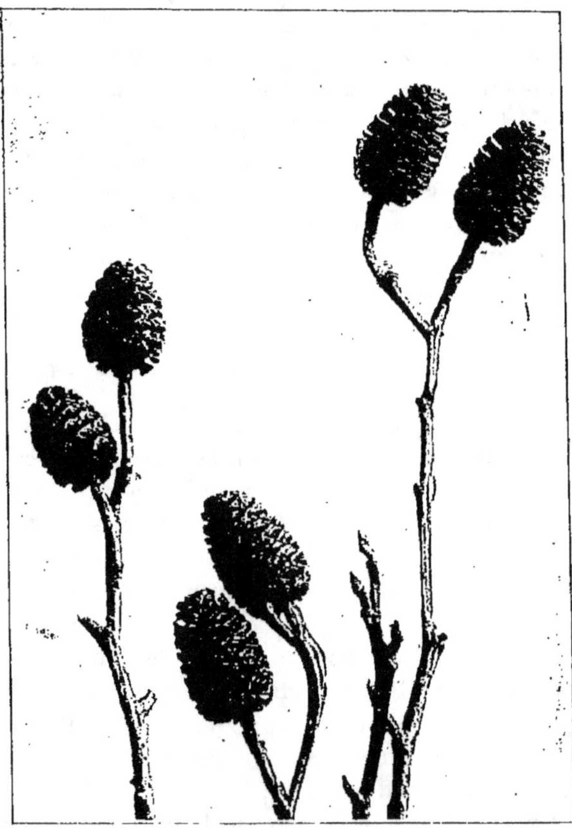

Fig. 25. — Les rivières transportent les fruits lourds produits par les arbres de leurs rives. Ceux des Aunes, aux dures écailles groupées en cônes, sont ainsi disséminés.

nent des esquifs qui, comme des vaisseaux de ligne, font preuve de qualités nautiques ; il en est même qui naviguent à la voile ; d'autres, comme des submersibles, se maintiennent entre deux eaux ; certaines coulent, roulent au fond et avancent quand même.

Protégées par une coque dure, beaucoup de semences, d'après des expériences de Darwin, conservent longtemps leur faculté germinative dans ce milieu pour lequel elles ne furent pas créées.

Il est des graines anémophiles dont l'appareil d'adaptation au vent se comporte fort bien dans l'eau. Quand le fruit du Pissenlit tombe à la surface de l'eau, les poils de sa blanche aigrette se rapprochent les uns des autres, emprisonnent une petite bulle d'air qui va jouer le rôle de flotteur jusqu'au moment où le vent la dépose sur la rive (fig. 54). Les Saules et les Peupliers, qui aiment à plonger leurs racines en terrain frais, ont aussi des graines entourées d'un léger duvet qui surnage sans se mouiller. Les fruits du Tilleul ne craignent pas le naufrage ; les graines s'enfoncent dans l'eau et servent de lest ; la bractée se dresse et forme la voile (fig. 16).

Mais les germes à dissémination aquatique sont, par excellence, les fruits lourds à coque dure ou à tissus ligneux, noix, glands, noisettes, gracieux cônes des Aunes (fig. 25).

S'il est une catégorie de plantes pour laquelle la dissémination par l'eau est de rigueur, c'est celle des plantes aquatiques.

A l'automne, les graines des Lentilles d'eau coulent, restent pendant tout l'hiver à l'abri des gelées et des grandes variations de température. Au printemps suivant, elles remontent à la surface et se développent.

Les plantes submergées, fixées ou flottantes, ont de grandes difficultés à vaincre pour parcourir sans accidents les périodes successives du cycle annuel de leur existence. Elles vivent au sein des eaux ; mais les nécessités de la fécondation exigent pour leurs fleurs le plein air et la belle lumière du jour ; celles de la germination réclament un nouveau voyage au fond de l'eau ; aussi, comme le ludion sous le doigt de l'expérimentateur, elles sont toujours en route sur la verticale ; par le jeu des saisons, elles gardent l'équilibre au milieu du liquide, montent ou tombent. La façon dont chaque espèce a résolu ces questions vitales est variable.

L'Utriculaire vit dans l'eau des fossés, des étangs, et jusqu'en juin, elle est invisible. Elle possède des vésicules, de petites outres qui, au moment de la floraison, se remplissent d'air et la font flotter.

Quand le fruit est formé, l'air disparaît, remplacé par un mucus, la plante s'alourdit et descend, sur la vase, déposer ses graines.

La Mâcre ou Châtaigne d'eau agit de même ; mais comme elle n'a pas de vessies natatoires, ce sont les gaz ou le mucus qui se forment dans le pétiole des feuilles supérieures qui déterminent son ascension et sa descente.

La Vallisnérie spiralée, si souvent chantée par les poètes, doit employer un autre moyen, car elle est dioïque.

Les pieds mâles forment dans l'eau de petites fleurs qui, dans leur ardeur à parvenir au jour, rompent leur pédoncule, flottent grâce à la bulle d'air qu'elles renferment, puis s'épanouissent.

Pendant ce temps les pieds femelles allongent démesurément leurs pédoncules spiralés ; les fleurs viennent nager à la surface et sont fécondées par le pollen. Le ressort à boudin qu'est leur pédicelle s'enroule de nouveau et les ramène au fond. La maturation des graines s'achève près de la vase où elles tomberont et germeront.

CHAPITRE VII

L'ARMÉE DES ARBRES : LA FORÊT

Les vents d'automne ont fait, de l'arbre, tomber les fruits jusque-là vivant d'une vie parasitaire sur la branche qui les forma. La graine qu'ils renferment, au moment favorable utilise ses réserves, germe, hors de terre lance une maigre tige et, bientôt, de rares feuilles d'un vert pâle.

Cet avorton, c'est un arbre en puissance ; il ne demande qu'à vivre ; mais quels combats acharnés, quelle lutte incessante pendant ses premières années pour la conquête du sol et de la lumière ! Après avoir, non sans peine, disputé le terrain aux herbes et aux ronces, il lui faut jouer des coudes pour écarter ses rivaux dont une douzaine occupent la place indispensable à la vie d'un seul, pousser au plus vite ses racines dans les parties du sol encore libres, allonger sa tige pour ne pas se laisser intercepter les rayons du soleil, développer des feuilles pour assimiler le carbone, se nourrir, former son squelette, ses vaisseaux, se créer des réserves. Il a tout à faire et à la fois.

Combien de ses congénères étouffés avant que son feuillage rejoigne celui des arbres adultes ! Vainqueur du sol ingrat, des attaques des éléments, des insectes, des champignons, des parasites de toutes sortes, il dépassera peut-être au cours des siècles, si l'homme l'oublie, les géants de la forêt natale.

Suivant la nature du terrain, les conditions du milieu, la lutte favorise telle ou telle espèce. Dans le pays des Grisons le Pin déloge partout le Mélèze ; dans d'autres parties de la Suisse, c'est le Hêtre qui tend à remplacer le Chêne et le

Sapin. En Prusse, le Pin élimine le Bouleau, tandis que l'inverse a lieu en Russie et en Sibérie.

Vers 1855, pour reboiser la Sologne, on y sema du Pin sylvestre. Quinze ans plus tard, sous ces Pins un peu éclaircis, on voyait naître des Chênes qu'on n'avait pas semés et qui, aujourd'hui en pleine vigueur, ont supplanté partout le Pin. L'histoire nous apprend que ce pays était anciennement couvert de vastes forêts de Chênes. Les glands ont dû attendre le moment favorable pour germer.

La vie dans les arbres.

L'épaisse écorce des arbres nous cache une vie intense. Au premier soleil printanier, la sève, puisée dans le sol, monte jusqu'aux dernières feuilles avec une abondance et une énergie étonnantes.

L'arbre est un géant qui, dans une source inépuisable, plonge sa tête et boit. Les gaz entraînés produisent un bouillonnement parfois assez fort pour être entendu à deux mètres et qui rappelle le bruissement de l'eau gazeuse fraîchement versée.

Une partie de cette eau s'élève dans l'air en vapeur et, au-dessus des forêts, par les chaudes journées d'été, forme une brume qui arrête les nuées, les condense et les fait se résoudre en une pluie bienfaisante ; un pays sans arbres est voué à la sécheresse et à la stérilité.

Débarrassée de son excès d'eau, la sève brute subit dans le laboratoire des feuilles d'importantes transformations, devient riche en matières nutritives, s'élabore et parcourt toutes les parties de ce grand corps, apportant aux éléments les principes qui leur conviennent et qui sont métamorphosés à leur tour par la chimie cellulaire. Ainsi se forment ces mille substances : cellulose, lignine, subérine, tanin, alcaloïdes, que l'homme ne peut encore fabriquer de toutes pièces, mais qu'il sait retirer de ces « usines vertes » et utiliser pour ses propres besoins.

7

Comme chez tous les êtres, les phénomènes de la vie y sont discontinus : aux périodes d'activité succèdent des périodes de repos servant aux phénomènes de réparation, de digestion, d'assimilation, dont la résultante est une accumulation d'énergie. La nuit, les jours sombres et pluvieux sont des périodes d'un repos plus ou moins complet, mais, sous nos climats, le rythme de la végétation concorde surtout avec celui des saisons. Au printemps éclatent les bourgeons et monte la sève ; l'été voit la grande activité vitale ; l'automne, son déclin, en attendant le grand sommeil hibernal qui dure presque six mois de l'année.

La température et les arbres.

La température joue le plus grand rôle dans la vie des arbres. D'après les expériences de M. Prinz, la moyenne de la température interne d'un arbre est à peu près égale à la moyenne annuelle de la température de l'air, mais la moyenne mensuelle peut varier de deux à trois degrés. Certains jours il peut même y avoir un écart de dix degrés. Un gros arbre est, d'ordinaire, plus froid que l'air dans les mois chauds et plus chaud pendant l'hiver. Quand surviennent de fortes gelées, la température interne de l'arbre descend jusqu'à un degré voisin du point où l'eau de végétation gèle, c'est-à-dire à quelques dixièmes de degré au-dessous de zéro, et y reste stationnaire.

Cependant, parfois, un hiver rigoureux gèle le bois de l'année, tendre, riche en eau, car il se trouve placé à la périphérie et, par suite, plus exposé.

Pour se défendre efficacement contre le froid, l'arbre possède un moyen précieux : la caducité des feuilles. Si elles persistaient, la gelée tuerait leurs cellules et la gelure gagnerait même les jeunes branches. La chute, préparée par un cloisonnement qui, de l'axe, isole la feuille mourante, n'a aucun inconvénient ; c'est un membre inutile qui

tombe et se régénérera quand l'heure sera venue. Rien n'est
perdu, puisque le sol récupère la matière dont étaient for-

Fig. 26. — Chaque arbre, dans son âge mûr, a sa physionomie. Celle des
vieux Châtaigniers est des plus accentuées ; leurs branches sont souvent
tordues : leur tronc, noueux et crevassé.

mées les lames vertes et qui constituera l'humus dont les
sucs parviennent jusqu'aux racines.

Quant aux arbres toujours verts, comme les Conifères,

ils ont des feuilles petites, peu riches en nervures, pauvres
en eau et protégées fortement par une cuirasse épidermique.

La vitalité des arbres.

Il en est des plantes comme des animaux, leur résistance
aux conditions défavorables varie suivant les espèces. Alors
que le moindre refroidissement, un choc un peu violent
causent la mort de certaines formes, d'autres paraissent
insensibles à l'action du milieu et supportent héroïquement
les mutilations les plus invraisemblables. Le Saule est,
parmi les végétaux de nos contrées, l'arbre le plus extraordinaire au point de vue de la résistance vitale.

On sait de combien de soins les jardiniers entourent leurs
boutures, dosant presque au compte-gouttes l'eau de leur
arrosage, mesurant la quantité d'air, surveillant la lumière,
la chaleur, les protégeant du vent et de l'évaporation trop
hâtive par des cloches de verre. Avec le Saule, il n'est pas
besoin de tant de précaution. Qu'on coupe une de ses branches, n'importe laquelle, grosse comme le petit doigt ou
comme le bras, qu'on l'enfonce en terre avec un maillet,
on peut être sûr qu'elle formera des racines adventives et
donnera un nouveau Saule plein de vigueur. Mais bientôt
les tribulations du jeune arbre vont commencer.

L'homme a besoin, pour une foule d'usages, de ses
rameaux souples et solides ; la serpe les coupe jusqu'au
dernier. Le malheureux Saule ainsi dépouillé, est réduit à
l'état de pieu ; on le croit mort et bon à abattre. Erreur
complète, car au printemps, il se couronne d'un abondant
feuillage. Ses branches sont ainsi coupées chaque année.
Sous ces mutilations successives, il se déforme, se tord, se
replie sur lui-même ; son sommet devient un moignon
noueux, bosselé, couvert de cicatrices ; il continue à vivre
et à donner chaque année sa moisson de rameaux.

Il vieillit pourtant. Alors que dans les autres arbres, le bois central, plus âgé, durcit et donne de la force au tronc, ses couches de bois anciennes se pourrissent et sa tige devient creuse. Elle se fendille ; la pourriture gagne en certains points l'écorce qui se perce à jour ; l'arbre n'est bientôt plus soutenu que par quelques pans de bois vermoulu, par quelques piliers d'écorce ; il végète toujours ; la sève monte et produit des faisceaux de branches qui l'ornent au printemps d'un feuillage vert pâle.

A sa frondaison peuvent se mêler des feuilles d'un vert plus sombre ou des fleurs aux couleurs vives. C'est qu'en effet parfois tout un jardin se développe sur sa tête et c'est à lui, vieillard, de porter et de nourrir de jeunes générations. Au fond des cavités de sa tête volumineuse se forme de la terre végétale résultant de la décomposition du bois et de l'apport des poussières. Les graines que le vent transporte trouvent là un terrain favorable, elles germent, donnent une plante qui n'a plus qu'à se laisser vivre au sommet de son perchoir.

Les botanistes qui se sont occupés de la flore des Saules têtards ont trouvé et décrit plus de deux cents espèces de plantes appartenant à des familles très différentes et apportées là par le vent ou par les oiseaux.

Parfois même des arbres arrivent à se développer sur ces têtards et ce n'est pas un spectacle banal que cette superposition d'un Sureau ou d'un Acacia et d'un Saule qui semble comme écrasé sous le poids.

Le Saule se prête merveilleusement au *bouturage en arcade* et au *bouturage à l'envers*. C'est sur un arbre de ce genre que le physiologiste Duhamel réalisa, au XVIIIe siècle, la fameuse expérience de *l'arbre retourné*.

Il prit un Saule à longue tige et peu à peu le courba de manière à ramener dans une fosse creusée à côté, la totalité des branches, puis il enterra ces dernières. Au bout d'un certain temps les branches avaient émis des racines et l'arbre n'avait plus de feuilles, mais en échange, il possédait des racines aux deux extrémités de son axe.

Duhamel déterra alors la véritable racine, redressa peu à peu la tige incurvée et les fibres radicales vinrent flotter dans l'atmosphère. Or, sur ces racines plongées dans l'air, apparurent bientôt des bourgeons, puis des feuilles.

Cette expérience intéressante prouve que chaque extrémité de l'axe végétal peut accidentellement émettre des organes appendiculaires autres que ceux qu'elle porte d'habitude.

La physionomie des arbres.

Certains botanistes affirment qu'un arbre dont rien ne gêne les racines, le tronc et le feuillage, peut croître indéfiniment. Les uns après les autres s'écoulent les siècles et il se dresse encore; il faut un accident pour le terrasser. Mais, comme cet accident arrive toujours, on en doit conclure, en bonne logique, que l'arbre, comme tout être vivant, a une fin.

Sans doute, chaque année, grâce à son feuillage, il semble, quand au printemps des bourgeons qui craquent sortent les jeunes feuilles, reprendre une nouvelle jeunesse, mais cette parure périodique, dont la nature orne la tête des vétérans des forêts, ne parvient pas à masquer leur décrépitude. L'arbre passe, comme nous, par l'enfance, la jeunesse, la maturité, la vieillesse et la mort.

Alors que le troupeau des herbes que guette une prompte fin s'empresse de fleurir et de mûrir les semences qui, à travers les âges, perpétueront leur espèce, les arbres ont tout le temps. Pour certains d'entre eux, l'heure de la puberté ne sonne que très tard ; le Chêne fleurit pour la première fois à vingt-cinq ans ; le Hêtre vers la quarantaine. Leurs fleurs nombreuses, mais, sous nos climats, d'ordinaire petites, de nuances verdâtres ou jaunâtres se confondent presque avec les feuillages et sont peu apparentes, de même que leurs fruits ; c'est une herbe qui produit la citrouille, le Chêne ne donne que le gland.

La beauté de l'arbre n'est

Fig. 27. — Chaque année au printemps les arbres reprennent une nouvelle jeunesse ; ils vieillissent, cependant. Certains sont déformés par les gigantesques loupes du broussin (1) ; d'autres, tels ce Frêne (2), sont réduits à des lambeaux d'écorce troués. Rares sont ceux qui, jusqu'au bout, comme ces vieux Châtaigniers de la forêt de Montmorency (3), conservent l'apparence de la vigueur.

pas dans ses fleurs ; elle est dans ses feuilles et dans ses branches, dans son écorce, dans son tronc qui se dresse et semble craquer de vie. Chaque arbre, à sa maturité, possède une physionomie spéciale qui résulte de ses proportions, du contraste de ses couleurs et de ses formes.

Le Chêne est d'un aspect sévère, robuste, majestueux. De son écorce crevassée, de ses branches tordues, de ses feuilles épaisses, d'un vert foncé, se dégage une impression de grandeur ; c'est le roi des forêts.

Le Hêtre est plus élégant avec son tronc droit qui semble s'élancer vers les nues, son écorce lisse, ses feuilles minces, régulières, d'un vert bleuâtre. C'est la force unie à la légèreté.

On a pu dire du Châtaignier que c'est un arbre tragique. Son tronc est noueux, crevassé ; ses branches irrégulières, tantôt tordues, tantôt droites : sa souche, souvent déchaussée, met à nu le haut des racines (fig. 26, 27).

Le Bouleau est la grâce même et la délicatesse avec son écorce d'un blanc d'argent, ses branches légères, ses feuilles petites, peu touffues, mobiles au moindre vent.

Les Conifères ont un feuillage sombre et serré qui les rend lourds, massifs ; leurs troncs cylindriques, égaux et tous pareils, ont un aspect monotone et triste. Ils n'ont ni mouvement, ni animation.

L'impression particulière que provoque chaque essence est plus saisissante encore quand, au lieu d'être isolée, elle est groupée dans la forêt.

Influence de la rotation de la terre sur la forme des troncs d'arbres.

La croissance des arbres est liée au rythme saisonnier, aux conditions météorologiques. La sécheresse d'un été ralentit la croissance en hauteur et en diamètre. Des pluies continues avec un abaissement de température provoquent les mêmes résultats.

M. Musset a jadis traité une curieuse question, celle de

l'influence de la rotation de la terre sur la forme des troncs d'arbres. Ceux-ci seraient, non circulaires, mais elliptiques ; ils seraient sensiblement aplatis du nord au sud et renflés de l'est à l'ouest. La force centrifuge développée par la rotation de la terre est suffisante pour faire dévier de la verticale tout corps tombant en chute libre ; ne peut-elle avoir une influence sur la forme des arbres ?

Mais l'accord parfait n'étant pas de ce monde, même entre botanistes, M. Bianchi a, au contraire, conclu de ses études que les troncs d'arbres sont surtout renflés vers l'est-sud-est. La cause en serait dans l'action calorifique des rayons solaires qui agissent inégalement sur la sève durant les premières heures de la matinée. En effet, le soleil frappe tous les matins d'abord la partie de la surface de nos arbres qui est vers l'est, puis successivement d'autres points de leur circonférence en déclinant vers le sud, pour notre hémisphère. Durant les deux ou trois premières heures de la journée, la sève, dont la marche est ralentie partout ailleurs par la fraîcheur de la nuit, passe avec abondance dans toute la partie de l'arbre éclairée et avant que l'équilibre de température soit plus complètement rétabli dans toute la masse, ce qui ne doit avoir lieu que plus avant dans la journée.

Ce passage plus actif de la sève dans une partie de l'arbre y amène un plus grand développement et serait la véritable cause du renflement remarqué.

Un troisième botaniste viendra peut-être mettre l'accord entre les deux champions en prouvant que le fameux renflement, base de toute cette discussion, n'existe pas.

La vieillesse des arbres.

La croissance des arbres, rapide pendant la jeunesse, active encore à l'âge mur, devient très lente pendant la vieillesse. Le bois ancien, placé au centre, ne laisse plus

passer les liquides nourriciers, mais il forme la charpente
du géant, son squelette; il est devenu dur, résistant, et lui
permet de supporter sans faiblir sa lourde couronne de
branches, qui augmente chaque année. Il est des arbres,
cependant, dont le bois central pourrit en vieillissant et qui,
réduits à leur écorce qu'abattra la première tempête, continuent à se parer de feuilles. Tel, sur nos photographies,
ce Frêne, à l'écorce trouée comme une écumoire, dont
la verte vieillesse abrite une joyeuse troupe enfantine
(fig. 27).

Au cours d'une longue vie, les risques d'accidents sont
nombreux. C'est la gelée qui attaque le bois tendre de
l'année ; c'est le verglas qui se forme si dense autour des
jeunes rameaux qu'il en amène la rupture ; c'est le vent qui,
comme un fétu de paille, brise une branche ; c'est la foudre
enfin qui tombe sur le géant, lui enlève des lambeaux
d'écorce, fend des branches et parfois le tronc.

Par l'écorce crevassée, la pluie pénètre, s'insinue, pourrit le bois qui se creuse de plus en plus. Le tronc se couvre
d'une végétation parasite. Des Mousses, des Lichens barbus,
des Lierres tenaces aux tiges velues, à l'épais feuillage, l'enserrent de toutes parts et, entre la lumière et lui, inter-
posent un sombre écran.

Sous son écorce, dans ses flancs, jusqu'à la pointe des
tendres rameaux, tout un peuple de larves lentement se
promène, se nourrit du bois, ronge, creuse d'intermi-
nables galeries. Le bec des pics, dur et pointu comme une
pioche, vient les en extraire et en débarrasse l'arbre, mais
aux dépens d'une nouvelle blessure.

Les infirmités ne l'épargnent pas non plus. Le broussin,
comme une gigantesque tumeur, se développe sur son tronc
ou ses branches (fig. 27). Ces curieuses déformations, ces
loupes géantes, communes surtout chez les Ormes, les
Peupliers, les Bouleaux, sont la conséquence des blessures
faites aux bourgeons pendant la jeunesse par un choc ou

par le froid : peut-être même ont-elles une origine microbienne.

Les microbes, en effet, ne respectent pas plus les plantes que les animaux. Le chancre des arbres est une maladie redoutable qui a pour cause une blessure initiale provoquée par une cause quelconque, gelée, dent des rongeurs, chute d'une branche, etc. L'endroit atteint cesse de croître, tandis que tout autour l'accroissement est intense ; il en résulte une plaie formée d'une partie creuse entourée d'un bourrelet. Sur la blessure, avant sa cicatrisation, tombent les spores d'un champignon — ou d'une bactérie, d'après de récents travaux. Le parasite se développe avec une telle intensité qu'il arrive à causer la mort de la branche ou même de l'arbre atteint.

L'arbre ne peut échapper à toutes ces causes de destruction ; il souffre de toutes ces blessures, languit de toutes ces attaques ; ses feuilles apparaissent tard et tombent de bonne heure, il n'a plus la force de fleurir ; il pourrit sur pied et tombe de bonne heure par fragments, jusqu'au moment où, à grand fracas, la tempête le couche sur le sol.

CHAPITRE VIII

DANS LES PRÉS ET DANS LES CHAMPS

L'ombre des forêts ne convient qu'à un petit nombre d'espèces ; la végétation sylvicole est la moins variée et la moins abondante sous nos climats. A la plupart des plantes à fleurs il faut la pleine lumière et toute la chaleur du soleil ; c'est pourquoi elles sont si nombreuses et si développées dans les stations champêtres : moissons, cultures, prairies.

Des nécessités inéluctables ont déterminé la répartition des plantes dans les diverses cultures. Les moissons abritent surtout des espèces annuelles qui poussent avec les céréales et meurent avec elles. Chaque année, sous l'acier des faucilles, leurs tiges sont tranchées ; par le soc de la charrue, leurs racines sont arrachées.

Les plantes qui habitent les cultures sarclées, les vignes, ont encore un moins long avenir. Trop souvent pour elles l'homme passe et, de son fer, retourne le sol sous lequel il enfouit Fumeterre, Souci, Arroche, Ortie brûlante, vingt autres gourmandes, espèces annuelles à développement rapide, qui se prélassent dans un sol à leur gré et qui étoufferaient, s'il les laissait faire, la plante qu'il cultive.

La flore des prés.

Dans les prés, il n'en est pas de même. Une plante peut y établir ses racines à demeure sans craindre de si tôt la pioche, la bêche ou la charrue. Les plantes vivaces composent presque entièrement les prairies. Elles n'ont à redouter que la faux de l'homme et la dent du bétail ; les blessures que font l'une et l'autre ne sont jamais mortelles, et, avant de tomber, la plante a eu le temps de mûrir ses graines et de les répandre sur le sol. L'individu peut souffrir, l'espèce n'a rien à craindre.

C'est dans les prés que s'affirme, dans toute sa vigueur,

Fig. 28. — Dans les prés, en juin, les Sauges, rigides sur leurs tiges carrées, dressent leurs grappes de fleurs bleues.

la lutte pour la vie ; non pas, comme en forêt, la lutte pour la conquête de la lumière, mais pour la possession d'un sol dans lequel des racines s'entre-croisent, se mêlent, se rencontrent dans tous les sens et à toutes les profondeurs. Les conditions d'humidité, la nature du terrain qui favorisent telle ou telle espèce, le rythme saisonnier, de la prairie font un parterre où se modifient constamment le décor floral et la nuance du fond, le vert des Graminées. Pendant l'hiver, elle porte un court gazon que, tour à tour, recouvre la neige, blanchit le givre, jaunissent les gelées. Seules les étoiles blanches de quelques Pâquerettes, s'étalant au soleil blafard de janvier, y mettent un peu de gaieté.

Avec le printemps, ses pluies abondantes, sa lumière plus claire, l'herbe pousse, les feuilles étroites des Graminées s'allongent et verdissent; les premières Véroniques épanouissent leur mignonne corolle bleue ; partout fleurissent Primevères (fig. 52) et Cardamines ; la prairie se pare de nuances tendres, charmantes, où dominent le vert, le jaune et le violet.

Quand de la neige des fleurs fragiles se couvrent les haies de Prunelliers, la prairie est émaillée de Pâquerettes (fig. 15) et de Boutons d'or, les Pimprenelles montrent la grâce de leurs feuilles découpées et de leurs délicates inflorescences vertes et rouges.

Au début de juin, sous la triple action de la chaleur, de la lumière et de l'humidité, la prairie est dans toute sa splendeur, l'herbe y atteint la moitié de la hauteur d'un homme et le vent la fait onduler longuement.

Au vert de leurs feuilles, les Graminées mélangent les jaunes et les violets de leurs épis : Pâturins, Avoines, Brizes aux épillets mobiles, gracieusement groupés, Bromes aux pédoncules pleureurs, Dactyles, Fétuques, Vulpins aux inflorescences plus massives.

Tout un jardin jaillit du milieu des herbes : hautes fleurs d'été qui dépassent parfois les chaumes. Rigides sur leurs tiges carrées, se dressent les grappes bleues des Sauges (fig. 28) ; les Scabieuses, la Centaurée Jacée forment des nappes violettes ; les Marguerites aux blancs rayons et au cœur d'or se balancent au vent qui passe. Les Plantains surmontent leur rosette de feuilles d'une hampe mince que termine un cylindre d'étamines rosées d'une légèreté incomparable ; le Salsifis des prés porte avec peine ses

gros capitules d'un jaune intense qui s'étalent ou se ferment
suivant l'état du ciel. Lotiers et Trèfles aux feuilles rondes

Fig. 29. — Au milieu des moissons mûres que le vent fait onduler,
le regard charmé voit flotter l'azur tendre des Bleuets.

se parent de leurs bouquets de fleurs ; aux lourds capitules
des Pissenlits a succédé la sphère aérienne de leurs fruits
légers (fig. 54), les Campanules se couvrent de clochettes
bleues ; le Millepertuis, d'étoiles d'or ; çà et là un Liseron
grimpe autour d'un chaume et quelque Orchidée montre
sa grappe de fleurs étranges (fig. 56, 59).

Sur ces plantes, dans leurs tiges, sur leurs feuilles vit une légion d'insectes ; un peuple de papillons voltige autour de leurs fleurs ; des abeilles butinent et passent affairées : tout est beauté, mouvement et joie. A ce moment arrive le faucheur qui, d'un geste large, couche à terre toutes ces merveilles de grâce et de fraîcheur. Bientôt réduites à l'état de foin sec, odorant, elles nourriront les bestiaux.

La prairie est longue à se remettre de cet assaut ; mais pourtant l'herbe repousse, des plantes refleurissent. Le jaune des fleurs d'Aigremoine fixées sur leur longue hampe s'unit au jaune plus foncé de la Tanaisie ; des blancs éclatants s'étalent sur les capitules de l'Achillée millefeuille et sur les ombelles multiples des Carottes sauvages (fig. 13).

A la fin de septembre enfin, de terre sort une floraison violette : c'est le Colchique d'automne, messager de l'hiver prochain.

La flore des moissons.

Au mois de juillet les moissons sont mûres ; au sommet des tiges frêles penchent les lourds épis. Les champs sont de mouvantes mers d'or que le vent agite, fait onduler, ride en vagues sur lesquelles le regard charmé voit flotter l'azur tendre des Bleuets, le rouge foncé des Coquelicots.

Ces fleurs, dont les couleurs tranchent vivement sur le jaune des épis, sont les plus apparentes, mais nombreuses sont les autres espèces qui se cachent au milieu des chaumes et qui, depuis les temps les plus reculés, les accompagnent. Toutes ont sans doute, la même patrie, c'est-à-dire les pays qui, à son orient, bordent la Méditerranée. C'est là que les prit la civilisation. Les générations d'agriculteurs, dans leur marche lente vers l'ouest, en semant les graines nourricières, confièrent aussi à la terre celles des plantes associées. Depuis, malgré leurs efforts, les teintes éclatantes

des corolles de nos plus belles fleurs sauvages rompent la
monotonie des épis fauves et font des moissons un parterre
fleuri : trop de fleurs, dit le paysan.

Fig. 30. — Dans les moissons, aussi hautes que les épis,
se dressent les Nielles aux corolles roses, aux longs sépales finement ciliés.

Cette flore élégante comprend surtout des végétaux annuels
dont le développement total s'opère dans le même temps
que celui des Céréales. Tout l'hiver, encloses dans la terre,

leurs semences dorment sous la neige ; les pluies du printemps font jaillir leurs jeunes tiges qui s'élèvent en même temps que les chaumes voisins, grandissent vite par l'apport des sucs d'une terre meuble, richement pourvue d'engrais, qui n'a pas été préparée pour elles. Au milieu des feuilles étroites et dressées des Céréales, la lumière leur arrive en abondance ; aussi elles se couvrent de fleurs qui se succèdent pendant tout l'été et mûrissent la plupart de leurs graines avant que, de sa faucille, le moissonneur ne les couche sur le sol.

A l'arrière-saison, au-dessus des chaumes coupés ras, elles hasardent des repousses qui portent des fleurs maigres ; quelques espèces retardataires leur tiennent compagnie ; leurs semences tombent à terre.

Il est à remarquer que ces plantes annuelles peuvent accidentellement devenir bisannuelles. Si le blé est semé à l'automne, les graines de Bleuet, de Lithosperme, qui se trouvent semées avec lui, végètent pendant les derniers mois de l'année ; mais le froid arrête leur développement. Au printemps, la végétation reprend vigueur, puis la plante fleurit et meurt après deux périodes végétatives.

Parmi ces plantes adventices des Céréales, les plus fréquentes sont les Bleuets (fig. 29), si élégants avec leurs feuilles menues, leurs tiges obliques et leurs corolles rayonnantes, et les Coquelicots aux feuilles larges et découpées, aux tiges droites, velues, terminées par une grosse tête écarlate.

Aussi hautes que les épis, se dressent les Nielles (fig. 30) aux corolles rosées, aux longs sépales pointus, finement ciliés ; leurs semences vénéneuses peuvent, quand elles sont en nombre, rendre le pain dangereux.

Le Chrysanthème des moissons, aux capitules d'or, se fait remarquer par sa beauté au milieu de cette troupe fleurie ; il est accompagné des jaunes Soucis (fig. 49), des Matricaires et des Marguerites aux blancs rayons, de la Spéculaire Miroirde-Vénus, aux fleurs violettes régulières qui, au soleil, s'étalent, et s'enroulent le soir.

L'élégant Pied-d'Alouette, la Nigelle, aux fleurs d'un bleu si pâle, le Mélampyre des champs, curieux avec ses grosses grappes de fleurs jaunes entremêlées de bractées rouges, qui lui ont valu son nom de Queue-de-Renard (fig. 36). Toutes les Véroniques annuelles ainsi que quelques Ombellifères, Caucalis, Buplèvre, Sison, et surtout le Scandix dont les longs fruits écartés rappellent les dents d'un peigne (Peigne-de-Vénus), sont parmi les plus répandues.

Mais la flore des Blés ne comprend pas seulement des plantes annuelles. Elle renferme aussi des espèces à bulbe ou à racines tellement vivaces et profondes que ni la charrue, ni l'écobuage ne peuvent les anéantir : la Châtaigne de terre (*Carum bulbocastanum*), la Tulipe sylvestre, le Muscari à toupet dont la longue grappe lâche de fleurs violettes est surmontée d'une sorte de chevelure de fleurs stériles.

Outre une terre bien préparée et richement nourrie, le Liseron des champs et la Gesse aphaca trouvent dans les moissons des conditions avantageuses pour la vie grimpante qu'ils affectionnent. Le premier entoure les chaumes des spires serrées de sa tige et les pare de ses fleurs odorantes couleur de chair ; la seconde y accroche ses vrilles menues et, jusqu'aux épis, parvient ainsi à dresser ses stipules vertes et ses fleurs jaunes.

CHAPITRE IX

LES AMIES DES MURS

Au voisinage des habitations, au bas des murailles, sur les décombres, se rencontre une flore spéciale : Orties, Lamiers (fig. 48), Pariétaires, Plantains, Séneçons, Renouée des oiseaux, Ansérine, Mouron, Paturin annuel, etc. Ces amies des murs sont des amies de l'homme ; leurs graines, d'une extrême ténuité, s'attachent à ses vêtements, aux objets dont il se sert, l'accompagnent dans tous ses déplacements et décèlent sa présence. L'Ortie a fait le tour du monde à la suite des conquistadors et des émigrants.

Amies des murs sont aussi les plantes grimpantes, le Gaillet gratteron qui trouve dans leurs fentes un soutien pour ses crochets, le Lierre surtout qui y fixe ses crampons et recouvre les pierres d'un manteau vert sombre (fig. 39).

Mais toutes ces plantes tirent leur nourriture du sol et ne demandent aux murailles qu'un abri ou un appui ; d'autres y vivent qui plongent leurs racines dans la mince couche de terre végétale due à la décomposition des Lichens et des Mousses. Dans les villages, le faîte des vieilles murailles disparaît sous une végétation adventice ; leurs parois mêmes, aux pierres disjointes, sont tapissées de verdure et de fleurs. Sur les tours en ruines, aux flancs garnis de Lierre, des arbres verdissent où jadis veillaient des hommes d'armes et, des embrasures, où pointait la gueule des canons, sortent les touffes fleuries des Giroflées, des Valérianes rouges ou des Mufliers (fig. 52).

La flore des toits.

Les toits de chaume sont en peu de temps, envahis par les Lichens, les Mousses, les Graminées, une foule d'autres plantes. « De ces quelques bottes de paille dont les paysans croient faire un toit, la nature fait un jardin, dit Victor Hugo. A peine le vilain a-t-il fini son œuvre triviale que le printemps s'en empare, souffle dessus, y mêle mille graines qu'il a dans son haleine et en moins d'un mois le toit végète, vit et fleurit. »

Même au centre des villes, malgré la surveillance des architectes et autres ennemis des verdures parasites, des plantes parviennent à se développer dans des stations où il est peu aisé de les détruire, par exemple sur les toits des églises, dans leurs parties les plus élevées. M. J. Richard a pu écrire une « Florule des clochers et des toits des églises de Poitiers » dans laquelle sont énumérées 76 plantes et M. Lamy de la Chapelle est l'auteur d'un traité au titre imprévu : « Promenades botaniques sur les clochers de Limoges. »

La flore des murailles.

Le nombre des espèces qui, accidentellement, peuvent végéter sur les murs est considérable. Des Œillets, des Plantains, des Coquelicots, des Géraniums, les plantes les plus diverses s'y rencontrent. L'humble Violette oublie parfois sa proverbiale modestie et trône au sommet d'un vieux mur qu'elle parfume ; les Pissenlits y fleurissent qui, de haut, dominent leurs congénères épanouis dans les prés voisins ; la Capselle bourse-de-pasteur quitte volontiers le bord des routes pour une situation plus élevée. On voit des arbustes, Douce-amère ou Sureau, dont quelque oiseau laissa tomber la graine entre deux pierres, ou même de petits arbres, Érables ou Frênes, manquant de tout, essayer de vivre pendant quelques années, puis s'éteindre avant l'âge, faute d'un peu de terre. Certains, cependant, réalisent le miracle de végéter dans ces conditions, lancent des racines dans toutes les directions, finissent par rencontrer des filons plus riches et vieillissent, tout en restant rabougris, déformés par la misère.

Mais les vraies plantes rudérales ne sont pas celles qui souffrent de leur situation entre les pierres des murs ; ce sont celles qui s'y plaisent, au contraire ; celles qui s'accommodent d'une pincée de terre, qui ne redoutent pas la soif, qui aiment le grand air, la pleine lumière, avec un goût prononcé pour la chaux et la silice des maçonneries.

La justice oblige à nommer d'abord les Lichens, premiers occupants qui envahissent le mur dès que les maçons l'abandonnent, puis des Mousses : Bryum, Funaires, Hypnum, etc., beaucoup de Fougères, comme les Polypodes (fig. 67), le Cétérach officinal (fig. 31), et d'autres plus gracieuses, l'Asplenium rue-de-muraille (fig. 61), l'Asplenium trichomanes (fig. 10) ou la Scolopendre qui orne les parois des puits (fig. 61).

De toutes les Phanérogames des murailles, la Drave printanière est celle qui fleurit d'abord ; dès le milieu de février elle ouvre ses petites corolles blanches aux quatre pétales en croix ; la Saxifrage à trois doigts la suit de près (fig. 31). Ce sont là, il est vrai, deux plantes annuelles qui ne s'aperçoivent guère des inconvénients de la vie saxatile ; leurs graines germent en octobre, les jeunes plantes végètent pendant l'hiver et le printemps, saisons les plus humides ; la sécheresse de l'été les fait disparaître. Pendant leur courte existence rien ne leur manque : eau à profusion, lumière vive que ne masque aucun écran, abri contre le vent. D'ailleurs que faut-il de nourriture à des plantes si petites ? On voit des exemplaires fleuris de Saxifrage à trois doigts qui n'ont pas plus de trois centimètres de haut !

Fig. 31. — Entre les pierres des murs ou sur
les toits se plaisent : le Cétérach (1) ; la Jou-
barbe (2) : la Saxifrage à trois doigts (3) : le Sédum réfléchi (4) ; le Sédum
blanc (5).

Des plantes de plus grande taille leur succèdent. Au printemps, la Giroflée des murailles qui couvre les monuments, les vieux remparts, les ruines, de ses grappes jaunes odorantes, puis la Chélidoine, le Géranium herbe-à-Robert, la charmante Corydalle jaune ; plus tard la Centranthe rouge et des Mufliers aux nuances variées.

Sur les murs humides on rencontre la Linaire cymbalaire (fig. 20) qui pend élégamment, formant de jolies taches d'un vert tendre sur le gris des pierres rugueuses. C'est une plante annuelle aux feuilles luisantes, épaisses, gorgées d'eau ; ses tiges sont fragiles comme du verre ; elle se cramponne à l'aide de ses pétioles, porte pendant tout l'été de mignonnes fleurs d'un violet pâle, à gorge jaune qui, aussitôt après la fécondation, vont se loger dans les crevasses et y mûrissent leurs graines.

Enfin, au cœur de l'été, sur les rochers les plus arides, sur le versant des toits orientés au midi fleurissent les plantes grasses, Sédums et Joubarbes, plantes saxatiles par excellence, adaptées d'une façon merveilleuse à la vie sans eau.

Beaucoup de Sédums possèdent des tiges rampantes qui se redressent dans leur partie supérieure formant un angle droit ; elles sont comme *assises* sur le sol, caractère qui a servi à les nommer (*sedere*, s'asseoir). Leurs feuilles sont toujours épaisses, parfois même cylindriques ou globuleuses, renfermant une provision d'eau qui leur permet de supporter longtemps la sécheresse. Leurs fleurs sont régulières, délicates, élégantes (fig. 31).

Quant à la Joubarbe des toits, avec ses feuilles charnues, pointues, d'un vert glauque, groupées en rosette, on ne peut mieux la comparer qu'à un artichaut (fig. 31). Au centre de ces rosaces qui, d'un bout de l'année à l'autre, forment sur certains toits de singulières pelouses, se dressent en juillet des hampes terminées par des épis de fleurs roses.

Si maintenant nous cherchons en quelques lignes à résumer les conditions de la vie sur les murs et les modifications qu'elle amène, nous noterons d'abord les trois inconvénients principaux qu'elle présente : fixation difficile, nourriture rare, manque d'eau.

La fixation et la nourriture sont assurées par des racines ténues mais extrêmement nombreuses et allongées qui s'insinuent partout dans les plus petites fissures. La lumière étant retardatrice de la croissance, ces plantes sont d'ordinaire de petite taille et à feuilles très réduites, de sorte que le vent a peu de prise sur elles, et qu'il leur faut peu d'aliments.

Mais les adaptations les plus importantes ont pour but la conservation de l'eau : c'est, en effet, la soif qui menace le plus les plantes rudérales.

Pour y parer, la feuille, dont une des fonctions les plus importantes est justement d'évaporer l'eau de la sève, devient très petite, revêt son épiderme d'une épaisse cuticule qui ralentit les échanges et diminue le nombre des stomates, c'est-à-dire des bouches minuscules par lesquelles elle perd son eau.

Enfin les Sédums et les Joubarbes, comme les Cactées du Mexique dont le genre de vie présente avec le leur de nombreuses analogies, font dans leurs feuilles et leurs tiges, des réserves d'eau qui sont peu à peu transpirées. Les Joubarbes, qui semblent, en nos pays, les plantes les mieux adaptées à la vie murale, disposent, de plus, leurs feuilles en rosette, de sorte que celles du milieu sont protégées contre la chaleur ; elles émettent de nombreux rejets qui leur permettent une multiplication rapide. En quelques années elles envahissent un toit et en chassent toute autre végétation. Elles s'y prélassent, s'y étalent, vivent et prospèrent où la plupart périraient. L'aridité de leur toit leur convient mieux que la terre substantielle des champs ou des prairies.

CHAPITRE X

DANS LES ETANGS ET LES RIVIÈRES

L'eau qui baigne les terrains bas et les transforme en
marécages pendant la saison pluvieuse, celle qui dort dans
le fossé ou dans la mare, celle qui ride dans l'étang, court,
ruisselle et miroite dans la rivière, sont habitées par une
foule de plantes spéciales. C'est en juillet et août qu'est
intense la vie dans les eaux ; les poissons s'agitent, insou-
cieux du brochet vorace qui les guette ; ils sautent, venant
happer à fleur d'eau la fourmi volante ou la sauterelle qu'un
vent malencontreux lance sur l'élément perfide ; parfois un
maître gardon, une carpe vénérable se lancent à moitié en
l'air et retombent à grand bruit, ainsi ils manifestent leur
joie de vivre par un si beau temps, ou le désir de puiser
dans l'atmosphère un peu d'oxygène que la chaleur rend
plus rare dans l'élément liquide. Les rats d'eau courent et
grattent le long des rives, la grenouille saute au moindre
bruit, les libellules se posent sur les feuilles flottantes, des
serpents traversent en nageant la rivière, laissant un sillage
sinueux. Le mouvement est partout. Les plantes aquatiques
atteignent aussi l'intensité vitale la plus grande et la plus
complète à laquelle puissent prétendre la plupart des végétaux : leurs corolles se forment et fleurissent les eaux.

La flore des marécages.

Sur les bords périodiquement inondés à l'automne et en
hiver croissent quelques Graminées, des Joncs, des Cypé-
racées, Scirpes aux épillets menus, Carex à la tige anguleuse, aux feuilles coupantes, qui portent comme des pana-

ches leurs épis dressés jaunes et noirs (fig. 32). La Grande Consoude, aux robustes feuilles velues, laisse encore pendre çà et là ses groupes de fleurs aux nuances éteintes. Les Iris sont dépouillés de leurs splendides périanthes jaunes, et les Caltha des marais (fig. 32) ont, depuis longtemps, laissé tomber leurs larges pétales dorés, mais leurs feuilles et leurs fruits sont là pour dire encore la splendeur du décor dont, par leurs soins, les rives furent parées jusqu'au milieu de l'été. Les Salicaires, amies des Saules, sont fleuries à leur tour, et mirent dans les eaux leurs abondantes grappes roses.

Des peuples de roseaux les avoisinent qui, au moindre vent, bruissent et murmurent. Les Phragmites et les Baldingères balancent leurs panaches fauves; les Massettes agitent au sommet des hampes élevées leurs épis, cylindres de velours. Toutes ces tiges minces et longues, exposées sans abri aux vents violents, se heurtent, se froissent, sont presque couchées par les tempêtes, mais se redressent toujours ; la force et l'élasticité de leurs tissus sont merveilleuses ; c'est une adaptation parfaite au vent. La vase dans laquelle plonge leur pied atténue les grands froids et les grandes chaleurs, allonge la durée de leur vie : beaucoup sont vivaces.

Les plantes amphibies des rives.

En dedans de la ceinture que forme la *flore des marécages* sont les *plantes amphibies des rives* qui, dans l'eau, ont une moitié du corps et, dans l'air, l'autre. Dans cette zone abondent les feuilles décoratives et les fleurs élégantes : boutons d'or de la Renoncule langue, feuilles immenses du Rumex patience-d'eau, mignonnes corolles roses de la Renouée amphibie, blanches ombelles et feuilles découpées des vénéneuses Œnanthes, capitules fleuris des Rubaniers. De la foule se distinguent, par leur grâce, le Butome en ombelle ou *Jonc fleuri* dont les fleurs roses, l'une après l'autre, s'ouvrent au sommet de leur longue hampe et les Flèches d'eau, les Sagittaires, qui, au charme de leurs feuilles, joignent celui de leurs pâles corolles groupées en grappes ri- si joliment gides.

La vie aquatique a modi-fié profondément les par-ties inférieures de ces plan-tes. Leurs feuilles sub-mergées sont découpées à l'infini, ce qui

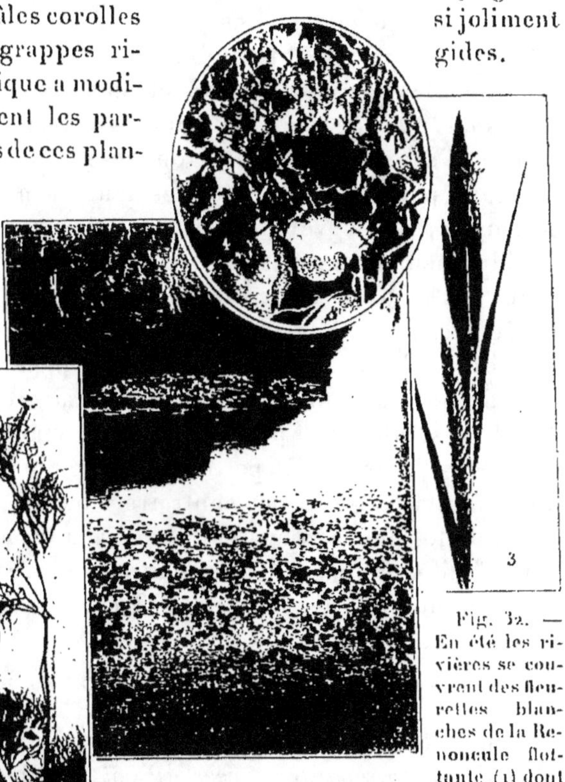

Fig. 32. — En été les ri-vières se cou-vrent des fleu-rettes blan-ches de la Re-noncule flot-tante (1) dont les feuilles submergées sont en lanières décou-pées à l'infini (2). Sur leurs bords croissent les Carex des rives (3) qui portent comme des panaches leurs épis jaunes et noirs, et la Caltha des marais (4) aux grands pétales dorés.

augmente leur surface et rend plus facile l'absorption du gaz carbonique et de l'oxygène dissous dans l'eau ; certaines même présentent des poils groupés qu'on a pu, non sans raison, comparer aux branchies des poissons. Elles renferment, ainsi que la tige, des lacunes qui les rendent plus légères et constituent des réservoirs remplis des gaz nourriciers. Ceux-ci pénètrent tout le corps de la plante jusqu'aux parties souterraines.

Les feuilles de la Sagittaire sont, de toutes, les plus remarquables par leur polymorphisme. Les feuilles submergées sont allongées en de souples rubans qui suivent le cours de l'eau, se balancent à tous ses remous, appropriation simple et parfaite au milieu; les feuilles nageantes, plates et rondes, se développent parallèlement au niveau du liquide; leur forme est encore calquée sur leur fonction; enfin, les feuilles aériennes ont cette gracieuse forme en fer de flèche qui, à la plante, a fait donner son nom.

Il est curieux de voir comment la profondeur de l'eau modifie cette organisation. Une Sagittaire en eau très profonde n'est plus une plante amphibie mais un plante submergée; elle ne fleurit pas et ne forme plus que des feuilles rubanées. Croît-elle, au contraire, tout près du bord, elle tente de former, — dans l'air, car l'eau lui manque — quelques feuilles rubanées, fort courtes et très épaisses, puis lance en nombre des feuilles en flèche.

Les plantes nageantes fixées au sol.

Une troisième catégorie de plantes aquatiques est celle des *plantes nageantes fixées au sol*, tels les Limnanthèmes aux corolles dorées et les Nénufars.

Le Nénufar blanc, « fleur des eaux engourdies », a pour organe vivace un rhizome volumineux et charnu profondément ancré dans la vase. Ses feuilles, formées de bonne heure au sein des eaux, n'apparaissent qu'au mois de mai quand les gelées matinales ne sont plus à craindre, et se flétrissent au commencement de l'automne. D'abord très petites et roulées au fond de l'eau, elles se déroulent peu à peu, leur pétiole s'allonge, montant insensiblement à mesure que la température s'élève, s'arrêtant prudemment lorsqu'elle s'abaisse. Ces feuilles nageantes, épaisses, arrondies et légèrement en cœur à la base, sont d'un vert foncé, d'une consistance ferme, nécessaire, sans doute, pour leur permettre de résister sans se déchirer à la chute des gouttes de pluie, car si les feuilles aériennes cèdent aisément au choc et évitent ainsi les blessures, il n'en est pas de même des feuilles nageantes, appuyées sur un milieu autrement résistant que l'air.

Du rhizome partent encore des feuilles submergées sous forme de rubans minces, translucides, qui ondulent comme des Algues. Elles ne se forment que dans les eaux ayant quelque profondeur. Inversement dans une eau trop profonde ou à courant rapide les feuilles nageantes n'apparaissent pas. Cependant leurs pétioles ainsi que les pédoncules floraux peuvent atteindre jusqu'à trois mètres de longueur; ils ont l'aspect de tubes de caoutchouc, sont très riches en tissu lacunaire et s'écrasent aisément sous la pression du doigt.

Les Nénufars, comme les autres plantes aquatiques, protègent leurs bourgeons et leurs jeunes pousses par des matières mucilagineuses qui les préservent du contact de l'eau.

Les plantes submergées.

Les *plantes submergées* forment un quatrième groupe, le plus nombreux peut-être. Leur sommet n'apparaît à la surface que pour la floraison, c'est alors que les Renoncules aquatiques mettent sur l'eau les milliers de petites taches blanches de leur corolle (fig. 32); encore est-il quelques espèces de plantes submergées qui fleurissent sous l'eau.

La vie dans un milieu qui les porte entraîne chez ces plantes la suppression absolue du squelette. Hippuris, Callitriches, Cératophylles, Élodeas, vingt autres encore, ont des tiges allongées et flexibles qui suivent tous les courants, ondulent à tous les remous, obéissent à tous les mouvements de l'eau. Avec leurs feuilles découpées en lanières filiformes, leurs fleurs minuscules, elles ne rappellent en rien les Phanérogames dont elles font partie, mais les Charaignes et les autres Algues qui les accompagnent dans les eaux douces ; ainsi la similitude d'existence peut entraîner la similitude d'aspect.

Les plantes flottantes.

L'Utriculaire, la Màcre ou Châtaigne d'eau, sont des types d'un autre mode de vie aquatique : la *vie flottante*. Elles ne sont plus fixées au sol, se tiennent entre deux eaux et ne s'élèvent à la surface que pour y porter leurs fleurs, après quoi elles redescendent au fond pour y mûrir leurs graines. On peut dire que d'un bout à l'autre de l'année elles sont toujours en route sur la verticale. Ce mode d'existence est sans doute moins avantageux que la vie nageante, à cause de l'insuffisance de lumière et des difficultés de la nutrition, car on ne voit jamais les plantes flottantes envahir les eaux comme les plantes nageantes.

Les plantes nageantes libres.

Les plantes flottantes conduisent aux *plantes nageantes libres*, comme les Lentilles d'eau, les Salvinies. La vie leur est facile, car, en même temps que l'eau toujours assurée, elles ont le contact de l'air et l'action de la lumière, aussi s'accroissent-elles avec une étonnante rapidité.

Il existe donc de nombreux degrés dans la vie aquatique : plantes des marais qui n'ont de l'eau qu'à certaines époques de l'année, plantes amphibies des rives, plantes fixées nageantes, plantes complètement submergées, enfin, plantes flottantes et nageantes libres qui ont rompu toute communication avec le sol.

Mais que de passages d'une forme à l'autre ! Que de

modifications d'une même plante suivant la profondeur des eaux, l'altitude, la rapidité du courant, l'ombre plus ou moins épaisse des arbres !

L'altitude est contraire au développement des plantes aquatiques; les fonds vaseux sont incomparablement plus riches que les fonds sablonneux; les eaux peu épaisses renferment une flore plus abondante et plus variée que les eaux profondes. A partir de 10 mètres, la vie aquatique cesse pour les Phanérogames. Telle plante, nageante dans des eaux basses, devient submergée en eau profonde ou dans un courant trop rapide.

Entre autres avantages le milieu aquatique offre celui d'une constance de température assez grande en raison de la forte chaleur spécifique de l'eau. Les inconvénients diffèrent suivant le mode de vie, ainsi pour les plantes submergées et les plantes flottantes, la nutrition est défectueuse car la lumière qui leur parvient est très atténuée. Pour toutes, la germination des graines est difficile, mais beaucoup sont rendues vivaces par un gros rhizome qui émet chaque année des bourgeons donnant de nouvelles tiges. Quant aux plantes nageantes libres, elles ont la propriété de produire des bourgeons nommés *hibernacles* qui, à l'automne, se détachent de la plante mère, tombent au fond de l'eau, végètent lentement pendant tout l'hiver et, au printemps, remontent à la surface et se développent rapidement.

Les plantes nageantes libres ont une puissance de propagation énorme; elles recouvrent parfois toute la surface des eaux, empêchant la vie des plantes submergées et même celle des animaux aquatiques.

CHAPITRE XI

SUR LES RIVAGES DE LA MER

Sur le littoral maritime, au sommet des falaises ou à leur
pied, entre les galets du rivage, dans le sable des dunes,
dans les vases qu'aux grandes marées couvrent les vagues,
ou encore sur les bords des marais salants, pousse une flore
spéciale qui possède des caractères nettement tranchés. Elle
les doit aux conditions de vie qui lui sont faites, au vent
violent qui, presque sans arrêt, secoue les tiges, à l'air
chargé de particules salines qui baigne les feuilles, au sol
imprégné de chlorures dans lequel plongent les racines.

L'aspect particulier des plantes *halophiles* résulte si bien
de cette adaptation au milieu, que les espèces « terriennes »,
que le hasard fit leurs voisines, modifient leurs formes héré-
ditaires, de façon à ressembler plus ou moins aux « loups
de mer », c'est-à-dire aux espèces qu'on ne rencontre que
dans les lieux où l'Océan livre au continent son éternel
combat.

Les caractères des plantes du littoral.

Contrairement à ce qu'on pourrait croire, les plantes des
bords de la mer n'ont aucune analogie avec la flore aquatique ;
elles ressemblent au contraire à celles qui vivent dans les
lieux secs, sur les rochers, dans les déserts. La plus grande
somme de leurs efforts s'applique à conserver le plus longtemps possible l'eau qui les imprègne et, par suite, à ralen-
tir leur transpiration, car le sel que contiennent leurs cellules, en se concentrant outre mesure, amènerait leur mort ;
aussi voit-on beaucoup de plantes marines prendre les
caractères des plantes grasses. Leurs tiges et leurs feuilles

s'épaississent, deviennent charnues, riches en eau, se recouvrent d'une épaisse cuticule.

D'autres prennent un moyen différent pour atteindre le même but. Elles se protègent par un duvet cotonneux, blanc, formé par une multitude de filaments remplis d'air immobilisant l'atmosphère qui les entoure, ce qui diminue la transpiration.

La vie dans un milieu riche en sel a une autre conséquence : elle réduit la chlorophylle. Les grains de la précieuse matière verte sont moins abondants et plus petits ; les plantes halophiles sont d'un vert pâle caractéristique. Mais par un véritable balancement organique, les tissus assimilateurs de la feuille sont plus abondants, plus épais, les lacunes plus réduites. Il n'y a cependant pas compensation ; le milieu salé est peu favorable à l'assimilation chlorophyllienne ; la proportion d'oxygène dégagé est beaucoup moins considérable, pour une même surface de feuille et un même éclairement, que chez les plantes de l'intérieur des terres.

Le sel marin est si bien la cause de toutes ces modifications qu'on les voit se produire chez des plantes continentales arrosées chaque jour avec une dissolution assez concentrée de chlorure de sodium.

Le contact de l'eau de mer est funeste à la plupart des graines ; cependant il n'a aucune action malfaisante sur bon nombre de semences de plantes halophiles. Des expériences ont même montré qu'il est favorable à celles de deux d'entre elles, le Cakilier maritime et l'Arroche halime.

La latitude fait varier les espèces maritimes comme les autres ; il en est cependant qu'on rencontre sur presque toutes nos côtes. L'une des plus répandues est la Percepierre ou Christe-marine (fig. 33). D'un vert glauque, riche en eau, elle se couronne durant tout l'été de grosses ombelles d'un blanc verdâtre. Elle aime les sables, plus encore les rochers ; elle pousse entre les galets, dans les anfractuosités des falaises, sur les rocs isolés détachés de la côte et dont, à chaque marée, la mer baigne le pied. La plus petite parcelle de terre, qu'au creux d'une pierre apporta le vent, suffit à sa constitution robuste.

Deux Crucifères aux jolies fleurs d'un violet pâle, l'une glabre, le Cakilier, l'autre velue, la Mathiole ou Giroflée de mer, s'avancent jusqu'aux extrêmes limites des plages. Non loin d'elles, la Glaucière secoue furieusement à la brise ses grandes fleurs d'un jaune d'or et ses fruits arqués, longs d'un demi-pied, qui lui ont valu le nom de Pavot cornu.

La flore des dunes.

Les sables des dunes portent une maigre végétation, mais combien intéressante. Ce sont des plantes vivaces, charnues, à racines très longues qui s'enfoncent en tous sens dans le sable pour recueillir l'eau, ou à tiges rampantes qui courent à la surface pour retenir le sol qui fuit sous elles. Le Panicaut maritime, aux feuilles dures et piquantes, aux ombelles serrées, d'un bleu tendre (fig. 44), à des racines de plus de 3 mètres de longueur. Celles de l'Oyat des dunes (*Ammophila arenaria*), rayonnent jusqu'à 20 mètres de distance. C'est là que végètent les Immortelles dont les capitules jaunes semblent déjà desséchés au sommet de la tige, le Liseron soldanelle aux grandes fleurs roses, des Euphorbes et des Gaillets aux étroits verticilles, quelques Graminées aux épis peu fournis, et tout un petit peuple de Caryophyllées : Silènes, Sablines, Œillets aux fleurs charmantes.

Les rares arbustes, Aubépines, Églantiers, Ronces, que leur malchance fit naître près des bords de la mer sont nains, rabougris ; leurs branches sont tordues par le vent, leurs feuilles rongées par les vapeurs salines. Seuls, l'Arroche halime au feuillage blanchâtre et les Tamarins, chargés de grappes roses, se trouvent bien de ces conditions et forment des haies vigoureuses, précieux abri pour les cultures voisines.

La flore des marais salants.

Mais c'est peut-être la flore des marais salants qui, à

Fig. 33. — La Perce-pierre ou Christe-marine aime les rochers du littoral, pousse entre les galets (2) et se couronne, pendant tout l'été, de grosses ombelles d'un blanc verdâtre (1). Ses tiges et ses feuilles sont épaisses, charnues, riches en eau, recouvertes d'un épiderme résistant; comme beaucoup de plantes des bords de la mer, elle a l'aspect d'une plante grasse.

l'automne, présente le plus grand charme. On y rencontre des plantes étranges, les Soudes, les Suédas glauques, charnues, d'aspect cireux, aux feuilles réduites, aux fleurs minuscules, et surtout les Salicornes, qui, pour limiter la perte d'eau, ont pris un parti héroïque, la suppression pure et simple des feuilles, principaux organes de l'évaporation. Avec leurs tiges cylindriques, articulées, rigides, elles rappellent plutôt quelque vague Cryptogame qu'une plante à fleur.

C'est au milieu d'un jardin splendide que, d'un geste las, le saunier tire son rouable pour ramener les dernières charges de sel. Les levées du marais sont garnies de vertes Frankénias aux jolies corolles roses; le Scille d'automne dresse ses mignonnes clochettes; les Inules aux grandes fleurs jaunes forment des corbeilles; les Asters sont couverts de capitules violets et les Statices, gracieuses et légères, balancent leurs grappes de fleurs d'un violet pâle qui, pendant des mois, se conserveront, desséchées, mortes, mais belles encore.

CHAPITRE XII

CELLES QUI VIVENT AUX DÉPENS D'AUTRUI

Il est des animaux qui, au lieu de conquérir de haute lutte leur nourriture dans l'air, sur le sol ou dans les eaux, comme la multitude, avec tous les risques que comporte cette recherche, ont préféré vivre aux dépens des autres, fixés à la surface ou enfoncés dans la profondeur des tissus. Dans ces conditions, la vie est aisée, la table toujours abondamment servie ; mais une telle existence se paie par une diminution de l'activité, par l'atrophie des organes inoccupés.

Quand le parasitisme est complet, plus de déplacements, partant plus de muscles, mais au contraire un appareil de fixation puissant et compliqué ; plus de relations avec l'exrieur, le système nerveux se réduit et les organes des sens disparaissent ; plus de nourriture à broyer, mais des aliments tout préparés, entièrement assimilables, d'où dégradation et parfois suppression du tube digestif. Le parasite intégral n'est plus qu'une machine à absorber douée de la faculté de se reproduire.

Tout ce qu'on observe chez les animaux, on le retrouve chez les plantes ; il n'est pas deux formes de la vie, mais une seule. Certaines, au lieu d'extraire du sol par leurs racines, d'enlever à l'air par leurs feuilles les éléments de leur nutrition, et de les élaborer ensuite par le travail de leurs cellules, puisent une sève toute préparée dans les vaisseaux d'autres plantes.

Les mêmes causes produisant des effets analogues, le parasitisme modifie profondément le parasite végétal, atrophie son appareil de nutrition, réduit ses feuilles, sa tige, lui fait perdre cette matière verte, la chlorophylle, indispensable pour la plante à libre existence, puisque grâce à elle seule

Fig. 34. — Le Gui se couvre en hiver de baies nacrées (1). C'est un parasite qui se fait héberger surtout par les Peupliers noirs, chargés souvent à en craquer de ses grosses boules verdâtres. On le rencontre souvent aussi sur les Pommiers; il est extrêmement rare sur les Chênes.

l'acide carbonique de l'air est décomposé et lui fournit le carbone, son pain quotidien.

Il est d'ailleurs des degrés dans le parasitisme. Alors que le Gui n'emprunte guère que l'eau à son hôte forcé et lui cause d'ordinaire un faible préjudice, la Cuscute étrangle la plante qui l'héberge, suce jusqu'à la dernière goutte son sang, c'est-à-dire sa sève, et la fait périr.

Quels sont les débuts du parasitisme? Comment s'est créé ce mode d'existence ? S'il est impossible de le savoir avec certitude, on peut, tout au moins, se livrer à des conjectures.

Le parasitisme de tige, comme celui du Gui, a peut-être commencé par l'épiphytisme ; c'est-à-dire que l'arbre hospitalier, avant de fournir à son hôte la nourriture, ne lui donnait que le support. La formation, chez le parasite, d'un suçoir allant jusqu'aux vaisseaux de l'arbre a supprimé les deux principaux inconvénients de la vie aérienne végétale : insuffisance de la fixation et disette d'eau.

La modification était avantageuse, elle s'est maintenue.

Trois groupes peuvent être envisagés : *parasites épiphytoïdes*, qui germent sur la plante même dont elles font leur proie ; *parasites lianoïdes*, comme la Cuscute, qui germent à terre et ne s'attachent que plus tard à une tige étrangère ; enfin *parasites de racines*, comme les Orobanches.

Les parasites de tige : le Gui.

Le premier groupe, abondant et varié dans les régions tropicales, n'est représenté en France que par le Gui (fig. 34).

En hiver, les hautes branches dénudées des Peupliers noirs apparaissent, garnies jusqu'au sommet, des grosses touffes arrondies, d'un vert jaunâtre, de ce gracieux parasite aux rameaux si élégamment bifurqués, à l'attitude rigide et énigmatique, plante étrange qui, taillée en boule par la nature, ne sort pas, ainsi que les autres, du sein de la terre et, comme tombée du ciel, vit sans racines, près des nuages, sur la cime des grands arbres : plante sacrée jadis, sur laquelle courent tant de légendes et qui fait l'objet de tant de préjugés.

Le Gui se fait héberger par une foule d'espèces, mais,

après le Peuplier noir, le Pommier, l'Aubépine et le Robinier sont les arbres le plus souvent couverts de cette gênante parure, élément important des paysages d'hiver. Il ne se plaît pas en forêt; il affectionne les arbres qui, par files, s'alignent au bord des routes, ceux qui sont isolés dans la plaine ou plantés à l'orée des bois ; à tous, il préfère ceux qui poussent en terrain calcaire.

Une écorce lisse, tendre et molle, recouvrant une branche riche en sève, voilà le support qui lui convient, la table qu'il aime; aussi, est-il extrèmement rare sur le Frêne, l'Orme et, surtout, le Chêne.

En quelques lignes, contons son histoire. Sa blanche baie nacrée est mangée par une grive qui rejette la graine, soit après un passage à travers le tube digestif dont elle sort intacte en raison de sa dureté, soit par le frottement de son bec contre lequel elle reste collée par une matière visqueuse, la même dont on fait la glu. De l'une ou de l'autre façon, elle se trouve fixée à une branche et n'y germe qu'en mai, si des pluies violentes ne l'en font pas glisser.

Elle se distingue des autres graines par bien des particularités. Elle peut germer en pleine lumière et sans humidité — on en a fait germer sur le fer-blanc, sur le verre, même sous un exsiccateur. Pour cette raison qu'il n'y a pas de racine ou si peu, la tigelle sort la première et, contrairement à celle de la plupart des végétaux, fuit la lumière, de sorte qu'elle vient toujours s'appliquer contre la branche, s'y aplatit par pression, donnant un disque fixateur qui pénètre dans l'écorce amollie. Un suçoir en part qui s'enfonce, se ramifie en cordons qui parviennent jusqu'aux vaisseaux de l'hôte et désormais alimenteront le parasite à cette source qui ne tarit jamais.

La lenteur du développement du Gui est extraordinaire. Il faut trois ans pour qu'apparaisse la première petite tige avec ses deux feuilles opposées ; l'année suivante en voit pousser deux autres, et ainsi de suite.

Elle ne fleurit pour la première fois qu'au bout de sept à huit ans. Maigres fleurs, petites, verdâtres, peu apparentes ; les staminées, à quatre lobes formant à la fois l'enveloppe et les étamines ; les pistillées à peu près semblables, avec, au centre, l'ovaire et le stigmate.

La grive, qui est folle de son fruit, a disséminé sa graine ; l'abeille qui adore son miel, se couvre, en butinant, du pollen qu'elle transporte ; et bientôt sur les rameaux se gonflent les fruits, perles blanches. Ainsi la plante de l'air nourrit ces hôtes de l'air, l'oiseau et l'insecte qui, en échange, lui rendent le plus important des services, celui d'assurer la perpétuité de son espèce.

Le Gui n'est d'ailleurs qu'un parasite vert, un demi-parasite qu'on peut cultiver à l'état libre à partir de sa graine, un parasite d'eau qui puise uniquement dans le torrent de sève brute que, des racines, une force inconnue fait monter jusqu'aux plus hautes branches. Cette sève, il l'élabore, grâce à sa chlorophylle, il se suffit en carbone dont il forme de nouvelles substances qui n'existent pas dans son hôte.

Bien mieux, des expériences semblent montrer que si le Gui est parasite du Pommier pendant la belle saison et lui prend beaucoup de nourriture, c'est le Pommier qui est parasite du Gui pendant l'hiver quand il n'a plus de feuilles tandis que le Gui, qui a les siennes, continue à assimiler le carbone et repasse à la plante hospitalière, en sommeil hibernal, un peu d'aliments carbonés.

On a observé que les Pommiers porte-gui résistent mieux aux rigueurs des grands hivers que ceux qui en sont dépourvus.

Cependant, l'excès en tout est nuisible et, s'il faut du Gui, pas trop n'en faut. Quand une branche de Pommier en est couverte, les tumeurs qui se forment à chaque point d'insertion arrêtent sa ramification et la font mourir. Quant au Peuplier noir, chargé à craquer des grosses boules verdâtres, il ne paraît pas s'en porter plus mal et, toujours plus haut, élève ses branches vigoureuses.

Les parasites lianoïdes : la Cuscute.

Sur cette tige de Luzerne (fig. 35) s'enroulent de fins filaments, singulière chevelure, supportant des groupes serrés de petites fleurs campanulées, élégantes, d'une teinte rosée fort délicate, d'une odeur des plus suaves. Combien trompeuses sont les apparences !

Cette parure charmante de la plante fourragère, c'est le bourreau des bonnes Luzernes, la redoutable Cuscute qui s'enroule autour de son hôte forcé, l'enlace de toutes parts, lui enfonce dans le corps ses suçoirs multiples par lesquels elle aspire la sève élaborée, l'épuise et le tue.

Si l'habitude d'une vie parasitaire a modifié profondément la Cuscute, lui a fait perdre sa chlorophylle, les feuilles qui la portaient et même la plus grande partie de sa tige, elle a transformé non moins profondément sa graine.

Petite, presque imperceptible, celle-ci renferme un embryon filiforme, enroulé en spirale et sans cotylédons. Par temps favorable, en dix jours elle germe et il en sort une racine minuscule, au maximum atrophiée, fort éphémère, car elle mourra une semaine après son apparition, ayant rempli son rôle, celui de puiser dans le sol les quelques gouttes d'eau nécessaires au développement de la jeune tige.

Celle-ci, grêle, portant en guise de feuilles de petites écailles, est toute la plante ; elle s'allonge d'une façon démesurée si le temps est humide ; toute son énergie est employée à la conquête d'un support. Sa pointe, comme chez les plantes grimpantes, décrit dans l'air des spirales éperdues, bâton d'aveugle cherchant un tuteur, mais un tuteur qui soit en même temps une victime.

S'il ne s'en trouve pas au voisinage, la Cuscute meurt

après avoir dévoré les minces réserves de sa graine, car, dépourvue de chlorophylle, elle ne peut se nourrir par ses propres moyens.

Mais comme ses semences sont souvent mélangées avec celles des Luzernes, ses efforts sont heureux et l'amènent d'ordinaire au contact d'une tige autour de laquelle elle s'enroule en une spire serrée. Brusquement sa croissance s'arrête ; c'est qu'il ne s'agit plus maintenant de grandir, mais, au plus vite de former des suçoirs. Après avoir tant cherché, après des débuts si pénibles et tant de privations, il est grand temps pour elle de réparer ses forces par une nourriture abondante dérobée à la table du voisin, à sa substance même.

Les suçoirs n'apparaissent qu'aux points où le contact est intime entre l'hôte et la tige du parasite. Ce sont des racines adventives dont la paroi reste mince, dont les cellules sécrètent des ferments qui, devant elles, digèrent, à mesure qu'elles s'accroissent, les tissus de l'hôte, et perforent les membranes. Ces organes se ramifient, s'allongent dans toutes les directions, sous forme de poils fins qui puisent la sève au cœur des tissus de la plante hospitalière.

Désormais la Cuscute a son couvert mis, son avenir est assuré — un avenir de deux à trois mois jusqu'à la floraison. Tout rapport avec le sol lui devient inutile, aussi la partie inférieure de sa tige se détruit ; la Cuscute devient une plante aérienne, une épiphyte. Ce que le Gui a réalisé du premier coup, sans séjour dans la terre nourricière, a exigé pour elle deux étapes.

La nourriture abondante que reçoit la liane parasite amène sa rapide croissance — la mauvaise herbe profite toujours — et elle s'enroule lâchement autour du support sur lequel elle ne s'appuie plus ; mais, pour un si grand corps, les suçoirs deviennent insuffisants ; elle forme plus haut des tours serrés et de nouveaux suçoirs et ainsi de suite, spires serrées et spires lâches alternant régulièrement le long de la tige de l'hôte.

Elle conquiert chaque jour un domaine plus vaste ; sa barbe de filaments roux, sa perruque du diable, comme

Fig. 35. — La Cuscute s'enroule autour des Luzernes, enfonce dans leur corps ses suçoirs et, avant d'achever ses victimes, les pare des groupes serrés de ses mignonnes fleurs roses.

l'appellent les paysans, s'étend de proche en proche et, avec une extrême rapidité, si on n'y met bon ordre, envahit toute la luzernière.

La sensibilité de la jeune tige de Cuscute est extrême. Elle ne s'enroule pas indifféremment autour d'une plante quelconque; il lui faut un support de son choix et dont le diamètre ne doit pas excéder la grosseur du doigt. Les suçoirs ne se forment qu'aux points où il y a pression énergique et encore faut-il que le corps en contact contienne des matières nutritives qui plaisent à la plante.

Si elle rencontre une branche morte ou un piquet de fer, elle s'y enroule solidement et commence à former des suçoirs, mais ceux-ci n'achèvent pas leur développement et pour cause, la nourrice est trop sèche.

Si, d'une décoction de Luzerne, on badigeonne une baguette de moelle de sureau, la liane fait de nombreux tours, et le cône perforant de ses suçoirs s'enfonce dans la moelle et la digère. Il faut donc, pour la parfaite formation de ces organes, deux facteurs différents : l'un mécanique, la pression ; l'autre chimique, les sucs d'une plante.

Ce n'est pas seulement sur les tiges stériles qu'apparaissent les suçoirs, mais encore au voisinage des fleurs, de sorte que si sa tige se dessèche complètement la Cuscute n'en fleurit pas moins, et l'on a ce singulier spectacle de groupes isolés de fleurs semblant partir du milieu d'une tige de Luzerne.

La Cuscute est-elle capable de former, comme les plantes à vie normale, de la matière verte ? Si, pour son malheur, elle s'est fixée sur un hôte qui la nourrit mal ou qui, comme les Euphorbes, renferme des sucs toxiques, elle verdit rapidement, c'est-à-dire qu'elle réagit et cherche à vivre par ses propres moyens comme les autres plantes ; mais toute attache avec la terre est rompue, l'atavisme est trop puissant, cette tentative de retour à la vie normale est impossible, c'est la mort.

Les parasites de racines.

Le Gui, la Cuscute, ont un parasitisme évident, orgueilleux, pour ainsi dire, qui s'étale au grand jour. Ce

sont des plantes de proie, qui, dans la tige de l'hôte, en
pleine lumière, enfoncent leurs suçoirs malfaisants. Les parasites de racines, parasites honteux, accomplissent leur œuvre
sous terre ; aux radicelles de la nourrice ils greffent leurs
propres racines ; jusqu'à complet épuisement, ils boivent
aux sources de la vie, absorbant à la fois la sève brute et la
sève élaborée.

Chez les Orobanches (fig. 36), une telle existence parasitaire a produit une dégradation complète des organes.
Décolorées, sans feuilles développées, presque sans tige, elles
sont enfouies entièrement sous le sol et ne laissent sortir,
au cœur de l'été, que la grappe de leurs fleurs jaunes,
brunes, bleues ou violettes, mais de nuances atténuées,
insérées le long d'une hampe pâle et, comme elles, d'aspect
maladif.

Elles forment des graines petites mais très résistantes,
renfermant un informe embryon dépourvu des organes,
radicule, tigelle et cotylédons, qu'on observe partout
ailleurs.

Pour que cette graine germe, il faut qu'à son voisinage
soient les racines de l'hôte qui lui convient, et son choix est
très restreint, chaque espèce d'Orobanche vivant d'une
plante spéciale en dehors de laquelle il n'est pas, pour elle,
de bon repas. Cette racine élue exerce sans doute sur l'embryon de l'Orobanche une action chimique qui donne le coup
de fouet à la germination. L'embryon s'allonge en un filament
qui se dirige toujours vers la racine nourricière ; elle semble
l'attirer comme l'aimant, le fer ; elle y pénètre et forme en
ce point un tubercule, centre de toute la plante future... Il
en partira des suçoirs qui s'enfoncent dans les racines de
l'hôte et viennent se mettre en relation avec ses vaisseaux ;
ce tubercule grossit rapidement, il donnera plus tard la
hampe florale.

Les Orobanches sont fort communes en France ; trop,
disent les cultivateurs, car s'il est des espèces qui ne vivent

Fig. 36. — Le Mélampyre à crêtes, nuance verte (1). Le Mélampyre des champs ou Queue-de-renard (2). Orobanche du Gaillet, décoloré (3).

que sur les plantes sauvages, plusieurs s'attaquent aux cultures : Chanvre, Maïs, Tabac, Légumineuses fourragères. L'absence de chlorophylle chez les Orobanches, montre immédiatement leur genre d'existence. Se passer d'une pareille matière, ne pas porter verte livrée, c'est, pour une plante, se dénoncer comme parasite.

Parasites verts.

Cependant, il est des végétaux qui possèdent de la chlorophylle et vivent aux dépens d'autrui. Le Gui nous en fournit un exemple pour les parasites de tige ; le *Thesium*, pour les parasites de racine.

Cette herbe, que l'on rencontre parfois dans les bois et sur les pelouses où elle épanouit en juillet ses petites fleurs d'un blanc verdâtre, enfonce ses suçoirs dans les racines ou les tiges souterraines de la plupart des plantes, mange à plusieurs râteliers, parfois en même temps, aspirant par une racine la sève d'un Trèfle, par une autre, celle d'un Hélianthème ; elle mélange ces nourritures variées, les assimile ; dans sa tige souterraine, fait des réserves ; passe l'hiver et développe, au printemps suivant, de nouvelles racines à suçoirs.

La famille des Scrofularinées, qui renferme tant d'honnêtes représentants : Mufliers aux fleurs somptueuses, élégantes (fig. 52), Linaires, Bouillons blancs à la tige ventrue, Véroniques aux corolles bleues comme l'azur du ciel, compte aussi quelques membres suspects ; Euphraises, Pédiculaires, Rhinanthes, Odontités et Mélampyres, parasites de racines à l'aspect trompeur qui se couvrent du vert vêtement des plantes à vie libre.

Les Mélampyres sont les plus communs. Ce sont des herbes dont trois espèces sont connues de tous : le Mélampyre des prés, aux fleurs jaunâtres, qui, en dépit de son nom, abonde surtout dans les clairières des bois (fig. 49), le

Mélampyre à crêtes, aux fleurs jaunes mêlées de rouge (fig. 36), et le Mélampyre des champs dont les épis roses, jaunes et rouges où les bractées, serrées, touffues, sont mélangées aux fleurs, ont l'aspect de queues de renards (fig. 36).

Si les Mélampyres ont incontestablement de la chlorophylle, on peut affirmer « qu'ils n'ont pas la manière de s'en servir », car même à une lumière intense, ils ne laissent pas dégager d'oxygène. Ils se nourrissent, par des suçoirs qu'émettent leurs racines, aux dépens des herbes, principalement des Graminées.

Pour connaître le degré de parasitisme d'un être, rien ne vaut l'expérience. On sème seule, loin de toute plante hospitalière, une graine de Mélampyre des prés ; elle germe, mais son développement s'arrête peu de temps après l'épuisement des réserves.

Si on en sème un grand nombre dans un étroit espace, quelques pieds vont jusqu'à floraison, mais on s'aperçoit que ces rares survivants n'ont vécu qu'aux dépens de leurs frères dont ils ont perforé les racines. Parasitisme singulier vraiment que celui d'une espèce sur elle-même.

On peut cependant faire vivre sans hôte les Mélampyres mais à condition de les mettre dans un sol riche en humus. Ils aspirent les sucs des parties mortes à l'aide de leurs suçoirs ; ils deviennent des plantes *saprophytes*.

C'est là un fait important, un passage évident entre le parasitisme proprement dit, c'est-à-dire l'existence aux dépens d'être vivants, et le saprophytisme ou l'existence sur matières organiques en décomposition, la vie sur la mort !

CHAPITRE XIII

LA FLORE DE L'HUMUS

Sur le bois mort, les feuilles tombées, sur les végétaux en putréfaction, dans l'humus des forêts, des prairies, des marais, amies de l'ombre, des lieux humides, vivent les plantes *saprophytes*. Puisant dans la pourriture, des substances organiques toutes formées, elles peuvent se passer de l'acide carbonique de l'air et, par suite, du pigment vert destiné à le décomposer pour en tirer le carbone.

Sous les climats tempérés, les Champignons forment à eux seuls presque toute la flore de l'humus. Ils sont organisés pour l'absorption des substances azotées avant leur destruction définitive, leur retour à l'état gazeux ; ils savent les utiliser, les transformer dans leurs cellules, en fabriquer des poisons terribles ou des matières exquises.

Leur vie exubérante se développe sur les substances mortes avec une étonnante rapidité ; sur les feuilles jaunies et les brindilles noircies, sur les souches pourrissantes, sur les écorces altérées, pousse leur innombrable armée.

Quelques plantes à fleurs pratiquent aussi le saprophytisme ; leur pâleur les avait fait prendre pour des parasites ; des recherches récentes ont montré que tel n'est pas leur mode d'existence.

Les caractères des plantes saprophytes.

La plus commune, en nos pays, de ces habitantes de l'humus, est une Orchidée, la Néottie nid-d'oiseau (fig. 37). On la rencontre sous les ombrages épais des bois. Son aspect est étrange, son port curieux, ses formes raides.

Tige, fleurs, feuilles réduites à des écailles, tout est de la même nuance terne, tirant sur le brun fauve.

La tige, chez les plantes vertes est un organe de nutrition, par elle-même et par les feuilles qu'elle porte ; ici, c'est une simple hampe florale d'existence très éphémère.

Le microscope montre qu'elle ne porte pas de stomates, c'est-à-dire de ces orifices permettant les échanges gazeux et la transpiration ; donc la Néottie garde, le plus possible, l'eau que lui fournissent ses racines.

Malgré son apparente rigidité, son squelette est faible, comme celui de tous les végétaux développés à l'ombre, dans une semi-obscurité.

Ses graines sont petites et, par suite, contiennent peu de réserves ; mais elles sont fort nombreuses. Ayant tout juste la force de fleurir, car la lumière lui a manqué ; ne pouvant avoir à la fois pour ses semences la qualité et la quantité, la plante, si j'ose ainsi dire, a choisi la quantité, qui augmentait les chances de perpétuité de son espèce. Il faut que ses semences soient nombreuses, car toutes celles qui tombent hors de l'humus nourricier sont vouées à la mort ; les autres germent et n'ont pas besoin de réserves, puisque leur plantule trouve de suite, et en abondance, les aliments qui lui conviennent.

En déterrant une Néottie, on n'observe pas toujours trace de feuilles mortes, mais c'est qu'alors ses racines sont plongées dans un sol baigné par un liquide provenant d'une couche de feuilles en décomposition.

Ce que sont les mycorhizes.

Dans cette plante où tout est étrange, les racines sont peut-être ce qu'il y a de plus curieux. Ovoïdes, courtes, charnues, très fragiles, serrées les unes contre les autres, enchevêtrées au possible, elles rappellent vaguement la disposition des matériaux qui forment un nid d'oiseau.

L'extrémité de ses racines, au microscope, se montre toujours envahie par un feutrage de filaments in-nant à des Cham-corhizes. Quels sont les rapports de la Néottie et des mycorhizes? Quel est le rôle de ces derniers? Il semble qu'il y ait entre la

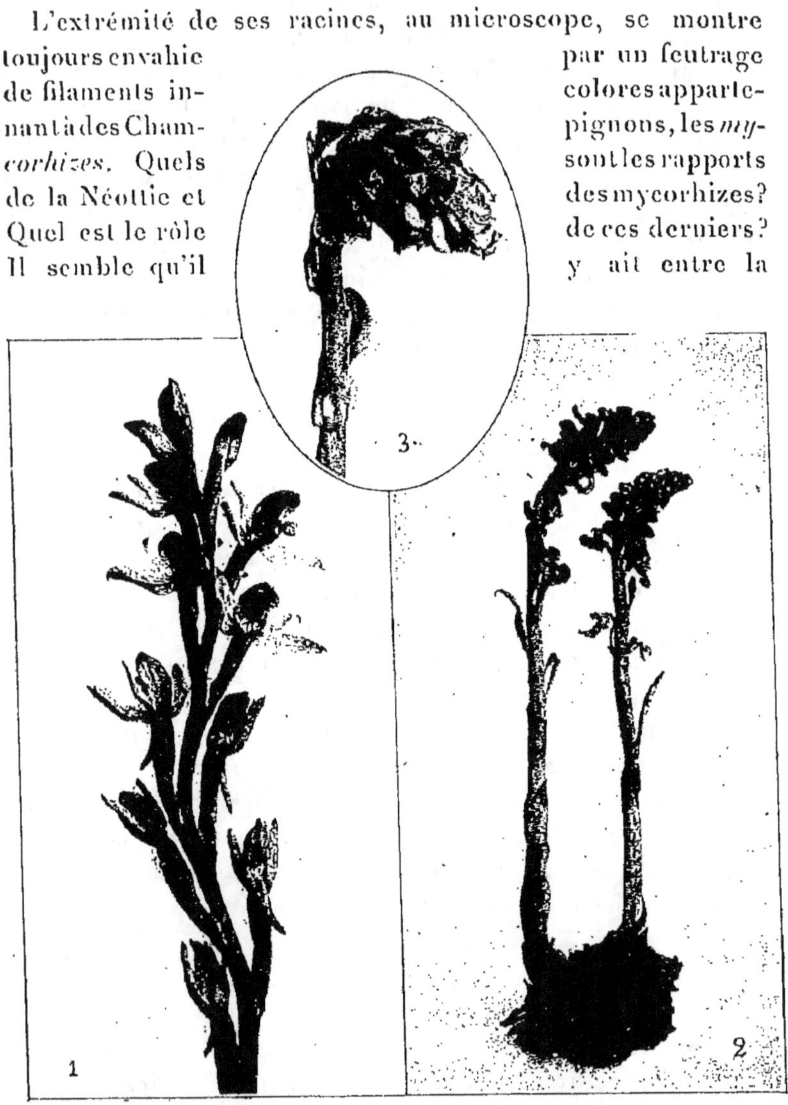

Fig. 37. — Les plantes saprophytes sont celles qui vivent sur les plantes en putréfaction; leurs feuilles sont très réduites et sans chlorophylle. Le Limodorum à feuilles avortées (1), la Néottie nid-d'oiseau (2), le Monotrope sucepin (3) en sont, dans nos bois, les plus notables représentants.

plante supérieure et la Cryptogame une association à bénéfices réciproques, une *symbiose*. Un des bouts de chaque filament du Champignon plonge dans la masse alimentaire, dans l'humus, tandis que l'autre s'enfonce dans les tissus de la Néottie ; ils servent donc d'intermédiaires entre cette dernière et le milieu et, grâce à leur aptitude spéciale pour l'absorption des composés azotés, ils facilitent l'existence de la plante supérieure dans l'humus, sont les auxiliaires du saprophytisme, et peut-être même sa cause principale. D'un autre côté, — simple échange de bons procédés — le Champignon, peu adapté, comme tous ses congénères, pour l'élaboration des substances hydrocarbonées, en reçoit de la Néottie.

Les racines de toutes les plantes saprophytes sont ainsi envahies.

Il est vrai qu'on en trouve aussi sur les racines des arbres et sur celles des végétaux verts à vie normale ; mais, qui prouve que ces derniers ne tendent pas au saprophytisme et qu'en dehors de leur mode habituel d'alimentation ils ne bénéficient pas, grâce aux mycorhizes, d'un complément de nourriture, les sucs de l'humus ?

L'abondance des mycorhizes est, sans doute, la cause de la forme bizarre des racines de la Néottie ; point n'est besoin, en effet, de poils radicaux ni de longues racines allant au loin chercher la sève, puisque les Champignons se chargent de la besogne et, à merveille, l'accomplissent.

Le Limodorum à feuilles avortées (fig. 37), autre Orchidée saprophyte, a aussi ses racines en nid. Les tiges, à leur sortie de terre, ressemblent à autant d'asperges à pointe violacée ; elles s'allongent en hampes florales atteignant parfois 80 centimètres de haut et garnies de fleurs sur une moitié de leur longueur. On les trouve à la lisière des bois, surtout au voisinage des Pins sylvestres : ces fleurs, d'un violet pâle et délicat, comme la tige et les écailles, sont certainement les plus belles de toutes les Orchidées de nos pays. C'est un spectacle splendide qu'une grappe fleurie de Limodorum, mais fort rare, et plus d'un amateur doit courir les bois pendant toute une journée avant d'en jouir.

Alors que la Néottie est brun fauve et le Limodorum violet, le Monotrope sucepin (fig. 37) est, lui, entièrement jaune, d'un jaune clair très pâle. Cette saprophyte, type d'une famille spéciale, se rencontre par touffes au pied des Pins, dans les taillis de Chênes, de Hêtres et de Châtaigniers.

Au sommet d'une longue hampe presque incolore pend, en juillet, la masse de ses fleurs serrées, unicolores et ternes ; c'est l'image même de la tristesse.

CHAPITRE XIV

LA VIE GRIMPANTE

De la foule des graines qui germent dans le sol des forêts s'élancent des tiges dont les destinées sont bien diverses. Les unes appelées à une longue existence, à peine nées forment dans leurs tissus une matière dure, le ligneux, qui leur constitue une charpente puissante ; elles croissent rapidement en hauteur et en diamètre et portent à la pleine lumière une abondante couronne de feuilles. D'autres, humbles herbes qui périront aux premiers froids, trouvent cependant dans les matières minérales qui sont à leur pied les éléments du squelette indispensable à leur rigidité.

Comment la vie rampante mène à la vie grimpante.

A côté de ces favorisées de la nature, il est d'autres plantes dont les membranes cellulaires ne savent pas former en quantité suffisante les matières scléreuses ; leurs jeunes tiges ne s'élèvent verticalement au-dessus du sol que pendant un temps fort court ; bientôt trop faibles pour se soutenir, elles se couchent sur la terre et, ne pouvant se dresser, rampent. Le Gléchome faux-lierre ou Lierre terrestre, la Véronique officinale ont encore la force de tenir leur sommet relevé, mais la Nummulaire est complètement étalée et c'est la terre même qui, souvent, sert d'appui à ses fleurs d'un jaune d'or qui lui ont valu le nom d'Herbe-aux-écus.

A leur face inférieure, ces tiges produisent des racines adventives qui, directement, les nourrissent ; elles s'isolent

peu à peu de leur racine initiale, meurent graduellement
en arrière et s'allongent sans cesse en avant en formant de
nouvelles racines. Elles végètent ainsi indéfiniment, rampent à la surface du sol en s'éloignant de plus en plus de
leur point de départ. En route elles sèment quelques
rameaux qui se comportent comme elles-mêmes, s'isolent et
vivent d'une existence indépendante grâce à leurs racines
adventives.

La vie rampante est fort répandue ; il est peu de
familles qui ne possèdent quelques représentants qui s'y
livrent. Elle a pourtant de nombreux inconvénients. La
tige, chez ces plantes, ne peut remplir sa fonction essen-
tielle qui est de porter les feuilles et les fleurs dans la
couche d'air qui leur est le plus favorable. C'est une cause
permanente d'infériorité. Dans cette zone trop humide et
presque toujours à l'ombre, la fécondation s'accomplit avec
difficulté et la plante porte peu ou pas de graines ; il est
vrai qu'elle peut presque s'en passer, tant sa multiplication
végétative est active.

Un remède existe à l'infériorité de la vie rampante. Si
cette tige, trop molle pour se soutenir par elle-même, rencontre un support, si elle *invente* des procédés pour s'y
accrocher et s'y maintenir, ses conditions d'existence
deviennent plus favorables ; elle s'élève dans l'air, acquiert
une grande taille, celle de son tuteur ; porte ses fleurs et
ses feuilles dans les régions moins humides et plus lumineuses qui conviennent aux importantes fonctions qu'elles
ont à remplir. Le résultat de cette transformation est rapide.
La Nummulaire graine très difficilement dans les bois ; on
a eu un jour, au Museum, l'idée de la cultiver en plante
grimpante et elle a eu des semences.

Les zoologistes ont démontré que les oiseaux ne sont
que des reptiles transformés ; les botanistes ont déjà presque à moitié prouvé qu'il en est de même chez les végétaux et que, de la vie rampante à la vie grimpante, il n'y a

pas si loin qu'on le croit. Le Lierre rampe sur le sol où il reste stérile jusqu'à ce qu'il rencontre l'arbre ou le mur contre lequel il lance ses crampons tenaces. Il grimpe et, à bonne hauteur, s'étale et fleurit. De reptile, le voilà grimpeur.

Le Liseron, en plaine, au soleil, est une plante rampante ; au milieu des Blés il devient grimpant et s'enroule autour des chaumes.

Les plantes étayées.

La vie grimpante comporte de nombreux degrés. Les plantes les moins spécialisées pour ce mode d'existence sont les *plantes étayées* c'est-à-dire celles qui s'appuient simplement sur les fourrés ou sur un support quelconque par leurs tiges minces, longues et flexibles ; tel l'épineux Lyciet d'Europe, commun parmi les buissons.

Mais d'autres plantes étayées ont perfectionné ce dispositif en y adjoignant des épines crochues qui facilitent l'ascension. Les Ronces sont couvertes de crochets acérés et recourbés vers le bas qui permettent à leurs jets si vigoureux et si vivants de se fixer solidement sur les écorces, sur la moindre saillie des murailles. Ainsi s'édifie l'échafaudage inextricable de leurs sarments arqués qui retombent en nappes, chargées, suivant la saison, de grappes épineuses de fleurs blanches et rosées ou de mûres d'un bleu sombre, presque noir (fig. 38).

Ces crochets féroces sont aussi des armes qui protègent la plante contre les herbivores et même contre l'homme ; ils favorisent les végétations étrangères et, à leur abri, plus d'un jeune arbre peut grandir qui, de son ombre, étouffera plus tard le massif épineux qui l'abrita.

C'est à leur ancêtre, l'Églantier, que beaucoup de Rosiers doivent la faculté de grimper et, aidés par un treillis, de répandre sur nos murailles la joie de leur verdure et de leurs lourdes guirlandes de fleurs parfumées.

Une herbe fort commune, le Gaillet gratteron, a, mieux
que ces arbustes, résolu le problème de la vie grimpante.

Fig. 38. — La vie grimpante offre de nombreux degrés. La Ronce, appuyée
sur les supports par ses sarments en arc, couverts de crochets, est une
plante étayée.

Sa tige, ses feuilles, ses pédoncules floraux, ses fruits sont
couverts de simples poils, non rigides, arqués et si nombreux qu'ils en font l'un des êtres les plus tenaces, les plus

« collants » qui se puissent voir. Tous ses organes lui facilitent l'appui contre un support, aussi est-il curieux de voir ses longues tiges, minces comme un fil, se tenir rigides jusqu'à près de deux mètres de hauteur au milieu des buissons, le long des vieux troncs, contre les murs les moins rugueux.

Là encore nous voyons les crochets servir à deux fins : au soutien de la plante et à sa dissémination ; ses fruits mûrs s'accrochent à la toison des animaux, aux vêtements de l'homme et sont ainsi transportés à de longues distances.

Mais ce ne sont là que des végétaux qui s'essaient à grimper. A côté de ces apprentis il en est qui sont passés maîtres dans cet art spécial. Les procédés qu'ils emploient méritent une étude attentive.

Le Lierre et ses racines fixatrices.

La graine du Lierre que le merle, au cours de ses sautillantes promenades, laissa tomber sur le sol de la forêt vient de germer. La jeune tige, trop faible pour se soutenir, s'allonge, s'allonge sans cesse, émettant sur ses flancs des feuilles luisantes et coriaces et, par sa face inférieure, des racines adventives qui lui apportent une abondante nourriture (fig. 39).

A force de croître, sa pointe arrive au contact du tronc d'arbre proche, du mur ou du rocher voisins. C'est un instant mémorable qui termine ses pérégrinations à la surface du globe, la fin d'une première étape qui détermine l'endroit où va s'accomplir sa vie. Où il s'attache, le Lierre meurt, dit-on ; il n'a guère de mérite à cela, car faire autrement lui est impossible. Il va continuer cependant à ramper, mais verticalement, cette fois et, en vue de ce nouveau mode de locomotion, ses organes se modifient sans plus tarder.

Par sa face tournée vers l'ombre, sa tige continue à émettre des racines adventives, en plus grand nombre même qu'auparavant ; elles sont serrées en groupes com-

pacts, mais demeurent courtes, inactives, et se bornent à
sécréter des principes agglutinants qui,
au support, fixent solidement la tige.

La face éclairée

Fig. 39. — Le Lierre
masque la nudité des
murs (1). Il entoure le
tronc des arbres de ses
tiges velues (2) et se fixe aux pierres les plus lisses (3). Il se couvre à l'automne de petites fleurs verdâtres (4), et en toute saison, son épais feuillage
(5) est le paradis des oiseaux.

donne des feuilles alignées sur deux rangs, aplaties contre
le support et ne se recouvrant jamais; cette disposition en

mosaïque permet à toutes de bénéficier également de la lumière affaiblie qui leur parvient.

La tige du Lierre, au contraire, fuit la lumière ; c'est pourquoi elle ne grimpe pas toujours verticalement ; on la voit parfois faire de brusques crochets le long de son mur ou accomplir une lente rotation autour de l'écorce, sans doute parce que de malencontreux rayons de soleil la gênent.

Une autre particularité remarquable de ses tiges, commune à toutes les lianes appuyées ou non, est le grand calibre des vaisseaux qui conduisent la sève. Elle tient à ce que la plante, n'ayant à former qu'un faible tissu de soutien, peut employer toute son activité à la création de vaisseaux auxquels les fibres, peu nombreuses, n'opposent aucun obstacle. La sève arrive donc à flots ; le Lierre, pressé de vivre, solidement fixé par ses milliers de crampons, escalade rapidement son tuteur ; une seconde branche, une troisième suivent la première à l'assaut ; les voilà au sommet du mur ou de l'arbre ; la deuxième étape est terminée.

Une nouvelle modification de structure se manifeste.

Les branches prennent le type normal, se dressent, portent des feuilles orientées dans toutes les directions. Alors que les feuilles de la tige grimpante sont anguleuses, divisées en trois ou cinq lobes, parfois élégamment veinées ou nuancées, les feuilles du sommet libre sont entières, ovales, et d'un vert brillant et sombre (fig. 39).

L'automne arrive qui y entremêle des ombelles retombantes de petites fleurs d'un jaune verdâtre auxquelles succèdent des baies sphériques, rembrunies qui, au printemps seulement, sont mûres.

Puis, peu à peu, les parties les plus âgées de la tige rampante se détruisent ; au pied du support les racines deviennent nombreuses et fortes, la tige grimpante grossit. Dénudée alors et sans feuilles, n'ayant pour tout ornement que ses anciens filaments fixateurs qui l'entourent comme d'une fourrure, elle ressemble à quelque gigantesque chenille velue. Il est des vieux troncs dont l'écorce disparaît presque complètement sous ces étranges reptiles (fig. 39).

Le Lierre grimpe à une hauteur prodigieuse, jusqu'au sommet des plus hautes tours ; sa robe de verdure ajoute à la poésie des ruines, au pittoresque des rochers ; il masque la nudité des vieilles murailles le long desquelles il serpente et les orne de ses feuilles décoratives. Un préjugé fort répandu l'accuse de rendre humides les murailles ; c'est le contraire qui est vrai, car ses racines fixatrices savent aspirer l'eau de la maçonnerie à laquelle elles s'accrochent.

Quand l'hiver a dépouillé les arbres à feuilles caduques qu'il choisit toujours pour tuteurs, son éternelle verdure leur donne un air printanier, et même lorsqu'ils sont morts, ses tiges vigoureuses leur prêtent encore l'apparence de la vie. C'est cependant pour eux un ami un peu encombrant. Sans doute il ne leur demande rien qu'un support, mais sa verdure envahissante couvre trop souvent d'une ombre épaisse le feuillage des branches inférieures.

Au printemps, ses touffes pressées offrent aux hôtes ailés de nos bois un asile impénétrable ; ils y cachent leurs amours, y élèvent leurs petits ; matin et soir de bruyants concerts s'y donnent dont les exécutants sont invisibles : c'est le paradis des oiseaux.

A l'automne, ses fleurs tardives sont les dernières autour desquelles s'empressent les abeilles ; elles y font leurs derniers repas avant l'engourdissement hibernal.

Ses baies, mûres à la fin de l'hiver, alors que sont flétries ou déjà dévorées les blanches perles du Gui, fournissent aux oiseaux la nourriture. Les merles n'ont cure de leur toxicité — bien réelle cependant pour l'homme — et s'en gavent sans pudeur en attendant les fruits succulents de l'été.

Maintenant que nous connaissons le Lierre nous pouvons mettre en balance les avantages et les inconvénients du

mode qu'il emploie pour grimper. Il n'a pas son pareil pour
s'élever le long des faces nues des rochers ou des troncs
d'arbre, mais les supports de petite taille lui sont interdits.
La fixation de sa tige est très solide, mais pendant qu'elle
grimpe elle est forcée de se tenir toujours à l'ombre pour
pouvoir former ses crampons. Une fois rendue dans la couronne d'un arbre, elle ne peut choisir sa direction, passer
d'une branche à l'autre, car ses radicelles exigent un contact intime et prolongé avec une surface solide avant d'y
adhérer.

Les plantes volubiles.

D'autres plantes trouvent dans la volubilité de leurs
tiges ou dans les vrilles qu'elles savent former des organes
mieux adaptés à la vie grimpante.

Le sommet d'une jeune tige ne croît pas verticalement
suivant une ligne droite. Des observations précises montrent
que dans l'espace il décrit une hélice ; la cause en est dans
son accroissement inégal en ses différents points et ces
directions de plus grande croissance se déplacent circulaire-
ment.

A l'ombre, ce mouvement devient plus apparent ; la
pointe de la tige tâte dans tous les sens une plus grande
portion de l'espace environnant. Si au centre de la région
qu'elle explore se trouve un support dressé suffisamment
mince, elle vient à son contact, s'y appuie, le prend pour
axe de l'hélice qu'elle trace et s'élève rapidement au-dessus
de la foule des herbes vers la lumière et le plein air : elle
est volubile.

La volubilité n'est donc que l'exagération d'une propriété
commune à toutes les tiges et que certaines plantes ont su
mettre à profit pour grimper. C'est par ce moyen que le
jeune Chèvrefeuille qui s'étiole sous l'ombre épaisse des
bois arrive en peu de temps à porter ses feuilles au-dessus

de la frondaison des arbres à tige mince et les pare de ses fleurs odorantes (fig. 40). Les premiers tours qu'il décrit sont d'ordinaire peu serrés; plus haut, au contraire, ils sont étroitement appliqués contre le support.

La liane doit rester flexible, aussi ne forme-t-elle qu'un sque-

Fig. 40. — Les tiges flexibles du Chèvrefeuille (1) et du Houblon (2) grimpent en s'enroulant autour des jeunes arbres voisins. L'étreinte du Chèvrefeuille est si forte qu'elle amène parfois chez ces derniers la formation d'un bourrelet en hélice.

lette rudimentaire; il ne lui en faut pas davantage puisqu'elle a l'appui d'un tuteur; elle reste mince par économie, ne perd pas son temps à se ramifier et ne lance qu'un minimum de feuilles. Arriver à la lumière le plus rapidement possible et avec le moins de matière est le but qu'il lui faut atteindre et tout dans son organisation y tend.

Un tel mode d'existence amène des déformations profondes dans la structure ; la liane est très riche en larges vaisseaux qui, en abondance, lui amènent la sève ; elle est parfaitement adaptée aux torsions, aux tensions, aux flexions et, avec cela, si résistante que la branche qu'elle enserre ne peut grossir aux points de contact ; son étreinte amène l'arrêt de la sève descendante et la formation d'un énorme bourrelet hélicoïde : elle étrangle littéralement sa bienfaitrice (fig. 40).

Pour une même espèce volubile le sens du mouvement est toujours le même. On voit la liane du Chèvrefeuille, celle du Tamier aux feuilles luisantes élégamment nervées, s'enrouler toujours de droite à gauche en montant quand on a le support devant soi ; de même aussi le Houblon qui, pour grimper à l'assaut des haies et des arbres — et des longues perches qui lui sont tendues par le houblonnier — ajoute à son étreinte spiralée les milliers de crampons des poils crochus qui couvrent sa tige et ses feuilles (fig. 40).

Mais la plupart des plantes volubiles s'enroulent, au contraire, de gauche à droite. Tels sont la Cuscute (fig. 35) qui, aux herbes qu'elle enlace, demande autre chose qu'un support mais bien leur sève même ; les Haricots rapides qui, en deux heures, quand les circonstances sont favorables, accomplissent un tour entier autour de leur appui ; le gracieux Liseron des champs qui, autour des Graminées, met les guirlandes de ses feuilles semblables à des fers de flèche et de ses jolies fleurs éphémères en entonnoir, au délicat parfum d'amande amère ; le grand Liseron des haies qui affectionne le bord des eaux (fig. 71), se plaît à l'ombre des Saules et fait grimper sur leurs branches à l'écorce grise ses grandes feuilles en cœur et ses larges fleurs évidées en cloches d'une éclatante blancheur.

La plante volubile ne peut, comme le Lierre, se dresser le long des rochers ou des gros troncs, mais elle est merveilleusement adaptée pour utiliser les tiges nues de faible taille ; elle peut grimper en pleine lumière et passe facilement d'une branche à l'autre ; mais elle redoute le vent qui écarte son sommet du support et la retarde. De plus, le procédé est peu économique, car, en raison de l'enroulement, la tige doit être beaucoup plus longue que la hauteur du support.

Les plantes à vrilles.

Les plantes qui forment des vrilles, organes les plus parfaits pour la vie grimpante, évitent ces deux derniers inconvénients ; leur fixation est à toute épreuve et elles n'ont pas besoin de donner à leur tige une longueur exagérée.

Voyons donc comment se forment ces organes fixateurs. Ce sont d'abord des filaments minces, mous, étendus en ligne droite, branches ou feuilles transformées, qui naissent en de nombreux points des tiges de la Vigne, de la Bryone, du Pois, des Gesses et de tant d'autres plantes. Dès qu'ils ont une certaine longueur, leur extrémité se met à décrire dans l'air de longues spirales, rendues plus vastes et plus compliquées encore par les mouvements de la tige qui les porte ; toutes les directions de l'espace sont successivement explorées. Pour accomplir un tour complet une heure est parfois nécessaire. Si ce mouvement était plus rapide, ne serait-il pas juste de comparer la plante à vrilles à une sorte de polype fendant l'air en tous sens de ses centaines de tentacules grêles ?

Comme les bras du polype, les vrilles sont irritables. Dès qu'elles rencontrent un support approprié, ni trop gros ni trop mince, elles s'incurvent à ce léger contact et l'entourent comme un doigt qui se courbe, ce qui augmente le nombre des points soumis à la pression ; l'effet se propageant, l'extrémité libre de la vrille s'enroule tout entière et solidement, par plusieurs tours, autour du support.

Quelques heures après cette fixation ce mouvement se

propage de haut en bas sur tout le reste de la vrille qui s'enroule en tire-bouchon, ce qui la raccourcit, tire en haut la tige grimpante, la soulève et la tend sur le support auquel elle se trouve ainsi maintenue par un ressort durable et puissant qui peut résister sans se rompre à l'action des plus violentes tempêtes, car la vrille, très faible lors de l'enroulement, s'épaissit vite et se lignifie. La tige, solidement maintenue, s'élève et forme de nouvelles vrilles qui la porteront encore plus haut.

Quant aux vrilles qui, dans leurs explorations aériennes, n'ont pas rencontré de corps solides, elles perdent à la fois, au bout de plusieurs jours, mouvement et sensibilité, se dessèchent, s'atrophient et tombent.

La Clématite ne forme pas de vrilles spéciales mais utilise les pétioles sensibles et enroulables de ses feuilles. Avec leur aide elle grimpe et, si des arbustes lui font la courte échelle, parvient aux premières branches des arbres, gravit leur sommet, grandit avec eux, les recouvrant de ses cascades retombantes de feuilles et de fleurs que remplace à l'automne la neige des fruits plumeux et laissant pendre, de tous côtés, comme des câbles, ses lianes flexibles, entrelacées, image bien affaiblie de celles qui encombrent la forêt tropicale.

La Vigne-vierge, elle, a trouvé un perfectionnement. Ses vrilles sont adhésives ; elles se dirigent toujours vers le rocher ou le tronc pleins d'ombre, s'y collent par un suc résineux, s'épaississent, se contournent en spirale et, mortes dès l'hiver, continuent pendant des années à maintenir la tige. Une vrille à cinq disques adhésifs peut, après dix ans, supporter, sans se déchirer ni se séparer du mur, un poids de 5 kilogrammes !

CHAPITRE XV

LES MOYENS DE DÉFENSE DES PLANTES

Les plantes dont le rôle est de fixer le carbone de l'air et de le rendre assimilable, nourrissent directement ou indirectement le règne animal. Mais ce n'est pas sans se défendre à leur façon, à l'aide des armes dont elles disposent qu'elles se laissent anéantir dans l'estomac des herbivores de toutes tailles et de toutes formes, depuis le bœuf jusqu'à l'escargot.

Leur organisation s'oppose à une défense active, sauf le cas curieux des plantes dites carnivores. Leurs moyens de protection sont passifs, mais nombreux, variés, d'une efficacité non absolue, mais suffisante pour éloigner quelques-uns de leurs ennemis, et un ennemi de moins c'est quelquefois le salut pour l'espèce.

Fig. 41. — La Vipérine est couverte de poils rudes qui la protègent contre les limaces et même contre les moutons dont ils blessent les lèvres.

Malgré l'âcre latex qu'elles sécrètent, les Euphorbes (fig. 42) sont dévorées par les insectes. Est-ce à dire que le latex leur est inutile ? — Non, car sans lui les ruminants joindraient leurs attaques à celles des insectes et elles pourraient disparaître.

Les moyens de protection des plantes peuvent être répartis en trois groupes : la position ou l'aspect, les armes extérieures, les défenses chimiques.

Il est évident que les feuilles des arbres par la hauteur à laquelle elles sont portées, que les plantes qui croissent au milieu des nappes de Ronces, que celles qui vivent dans les eaux, sont abritées, par leur position même, contre bien des ennemis.

Les plantes « matamores » sont celles qui bénéficient de leur ressemblance, parfois frappante, avec d'autres plantes bien armées ; ainsi le Lamier blanc imite l'Ortie. et mélange toujours ses feuilles aux siennes ; beaucoup de Champignons comestibles sont la copie, trop exacte, d'espèces fort vénéneuses[1].

Fig. 42. — Un lait âcre protège l'Euphorbe des bois contre la dent des ruminants.

Les défenses externes.

Parmi les armes défensives externes, les piquants, les épines, sont parmi les plus répandues et les plus efficaces contre les gros herbivores[2].

[1] Voir chapitre XVII. *Les ressemblances protectrices.*
[2] Voir chapitre XVI. *Les hérissons végétaux.*

La Cardère sylvestre joint à une forêt d'aiguillons, pointus comme des alènes (fig. 43 et 47), une défense aquatique ; ses feuilles, opposées deux par deux, sont soudées par leur base, formant une sorte de réservoir qui entoure la tige et dans lequel s'accumulent la rosée et l'eau provenant des pluies. Les insectes aptères sont fort empêchés par ce lac en miniature, ce *Cabaret-des-oiseaux*, ainsi qu'on l'appelle, de parvenir jusqu'aux fleurs pour en dérober le nectar.

Les poils, simples modifications cellulaires, jouent un rôle important dans la vie des plantes. Dans le bourgeon ils préservent du froid les jeunes feuilles, ils diminuent la transpiration en immobilisant la couche d'air autour de l'épiderme. Dirigés de haut en bas le long de la tige ce sont des chevaux de frise qui, comme chez la Scabieuse des champs, empêchent les fourmis d'atteindre les fleurs.

La Renouée amphibie, comme son nom l'indique, vit tantôt à terre, tantôt le pied dans l'eau. Dans le premier cas, la base de ses feuilles est garnie de poils glanduleux ; dans le second elle est complètement glabre, peut-être parce qu'elle est suffisamment défendue par le milieu liquide et n'a rien à craindre des insectes, des limaces et des escargots.

C'est contre ces mollusques, gros mangeurs de matières végétales, que semblent armées particulièrement beaucoup de plantes. Si l'on songe que les escargots peuvent manger chaque jour le tiers de leur poids de carotte ou de pomme de terre et qu'innombrables sont leurs légions encornées, on conçoit la nécessité de cette défense.

La Bourrache, la Pulmonaire, la Vipérine, la plupart des Borraginées en un mot, sont couvertes de poils rudes tellement piquants qu'il est presque impossible d'arracher à la main certaines espèces. C'est la présence de ces poils qui, par les moutons, fait respecter les Borraginées.

Une limace placée sur une feuille de Vipérine (fig. 41)

s'y trouve visiblement mal à l'aise ; elle manque de prise sur ces feuilles pileuses et s'arrête sans cesse à cause du contact désagréable des poils avec ses tentacules ; mais si on lui donne des feuilles meurtries, à épiderme enlevé partiellement, elle les attaque aussitôt et semble s'en régaler.

La défense par des aiguilles internes

Les plantes lisses et glabres ne sont cependant pas livrées sans défense à la *radula* des mollusques, cette formidable râpe aux multiples rangées de dents ; elles sont même parfois plus efficacement protégées que les plantes velues par la formation, dans leurs cellules superficielles qui, les premières, subiront l'attaque, de substances dures ou toxiques, en tout cas désagréables à certains groupes de phytophages.

Ainsi les Sisymbres, le Panais, dans les champs, sont dédaignés des limaces baveuses ; les vertes Charaignes, dans les rivières, ne deviennent pas la proie des lymnées, tout simplement parce que leurs cellules superficielles sont imprégnées de carbonate de chaux. Qu'on l'enlève par un traitement à l'acide acétique, escargots et limaces, planorbes et lymnées s'en donnent à cœur joie.

Les Graminées sont dévorées à pleines dents par les mammifères herbivores dont elles forment la nourriture fondamentale, mais elles échappent aux attaques des mollusques grâce à l'abondant dépôt de silice de leurs cellules épidermiques, silice qui, par surcroît, leur fournit un squelette résistant auquel elles doivent leur rigidité. Les Mousses, également très riches en silice, sont respectées d'une manière remarquable, ainsi qu'il est aisé de s'en rendre compte.

Contre les mêmes ennemis, la Guimauve, la Mâche, ont un abondant mucilage qui empêche la radula d'avoir prise sur les parties alimentaires ; ainsi une lime travaille mal si on l'enduit de graisse.

Dans les cellules de beaucoup de plantes, le microscope montre la présence de cristaux d'oxalate de chaux dus au besoin qu'éprouve leur organisme d'éliminer la chaux superflue et qui, en même temps, donnent de la solidité et de l'é-lasticité. Tantôt ils se présentent, comme dans

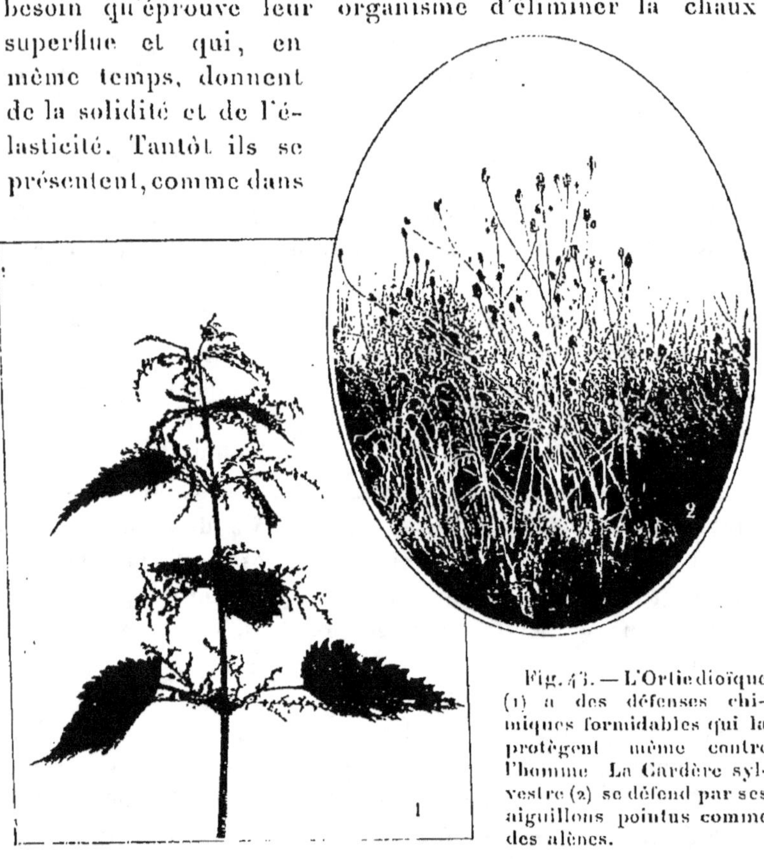

Fig. 43. — L'Ortie dioïque (1) a des défenses chimiques formidables qui la protègent même contre l'homme. La Cardère sylvestre (2) se défend par ses aiguillons pointus comme des alènes.

la Datura, la Douce-amère, le Sureau, sous l'aspect de grains de sable; tantôt, comme chez beaucoup de Monocotylé-dones, sous des formes arrondies; le plus souvent en octaèdres ou en longues aiguilles nommées *raphides*.

L'action irritante sur la peau de l'homme des sucs du bulbe de la Scille maritime, des Jacinthes, est certainement due aux milliers de piqûres des raphides puisque, par la filtration qui les enlève, ce suc perd ses propriétés irritantes. Un tel contact ne doit pas plaire aux escargots plus qu'à nous-mêmes ; ils préfèrent des plantes dont les cellules ne soient pas des pelotes à aiguilles. Leurs connaissances à ce sujet sont d'ailleurs fort précises quelle que soit la façon dont ils les ont acquises ; dans le Narcisse des poètes ils ne mangent que les fleurs, dépourvues de raphides ; ils respectent les feuilles qui en sont criblées. Pour la même raison, ils ne touchent pas aux feuilles fraîches de l'Arum tacheté (fig. 51), de la Balsamine, de beaucoup d'Orchidées. Broyées dans un mortier ou traitées par l'acide chlorhydrique étendu qui dissout les raphides, elles sont dévorées. Un même moyen de protection ne peut s'appliquer à toutes les espèces animales : les oiseaux, les ruminants, une foule d'insectes et même quelques mollusques ne s'inquiètent guère des raphides.

Les défenses chimiques

Mais laissons là les procédés mécaniques et abordons les défenses chimiques. Les espèces dont les tissus sont imprégnés de substances amères, astringentes ou toxiques, d'odeur ou de saveur désagréables sont tout aussi bien protégées, parfois mieux, que celles qui fabriquent des aiguilles, se revêtent d'une cuirasse calcaire ou siliceuse, se couvrent de poils rigides ou se hérissent de piquants. Sans doute, la toxicité est chose relative et, telle substance qui, à faible dose, tue un mammifère, peut laisser indifférent un mollusque, mais n'éloignât-elle de la plante qu'un seul ennemi, elle est utile.

Le tanin, très abondant dans beaucoup de plantes, joue un rôle dans leur nutrition ; c'est un antiputride qui les défend contre les agents de décomposition, mais c'est aussi, par sa saveur astringente, un protecteur efficace. Un botaniste allemand, M. Stahl, auteur d'un important travail sur les moyens de défense des végétaux, a montré que certains escargots, rebelles à l'attaque des feuilles de Rosier, de Peuplier, de Saxifrage, très riches en tanin, les dévorent avec une évidente satisfaction quand elles ont été traitées par l'alcool, dissolvant du tanin. Inversement la carotte, délice des limaces, est dédaignée quand elle a été plongée dans une solution de tanin.

L'acide oxalique des Rumex et des Oxalis, les substances amères des Gentianes, des Polygales, les latex irritants que contiennent les Euphorbes, les Pavots, la Chélidoine et qui s'écoulent à la moindre blessure ; les alcaloïdes des Solanées, de la Digitale (fig. 14), de la Ciguë, éloignent toujours quelques espèces d'herbivores des plantes qui les forment.

Les huiles essentielles à odeur forte et pénétrante qu'élaborent les feuilles du Géranium herbe-à-Robert, du Fenouil, du Serpolet, des Sauges (fig. 28), des Menthes, etc., et qui s'en exhalent sous forme de vapeur, serviraient, d'après Tyndall, de régulateur de température. Une couche d'air renfermant des vapeurs odorantes est moins perméable à la chaleur que l'air ordinaire ; ces vapeurs s'opposeront donc le jour, à un trop vif échauffement par les rayons solaires et, la nuit, à une déperdition trop grande de calorique.

Mais il est certain aussi qu'elles ne sont guère appréciées par la plupart des rongeurs de feuilles. En écrasant un fragment de feuille de Géranium herbe-à-Robert, sur le chemin d'un escargot, on le voit s'en détourner aussitôt.

Si les fleurs qui, dans la vie de l'espèce ont une fonction prépondérante, sont souvent odorantes, c'est que l'essence sécrétée les protège.

Un même végétal peut d'ailleurs accumuler les modes de défense : les Rumex ou Oseilles ont, à la fois, de l'acide oxalique et du tanin ; les Onagres, des raphides et du tanin ; les Oxalis, en plus d'un système pileux fort développé, possèdent de l'acide oxalique et du tanin.

A ce point de vue, l'Ortie est formidablement armée (fig. 43), sinon contre les chenilles et les insectes dont plusieurs espèces trouvent sur ses feuilles le gîte et le couvert, du moins contre les limaces, les mammifères herbivores et même contre l'homme. Ses poils acérés dont la base renferme de l'acide formique se brisent au contact de la peau, y déversent le liquide qui provoque une douleur cuisante.

*Il est à remarquer que, dans une même famille, les modes de protection de chaque genre ne sont pas toujours semblables et qu'on retrouve cette variété dans les défenses chez les différents organes d'une même plante : fruits, feuilles, racines.

Notons aussi que certaines espèces qui nous semblent protégées d'une façon très efficace sont littéralement ravagées. Le Panicaut maritime qui, pendant tout l'été, pare les dunes du littoral de ses fleurs groupées d'un bleu si tendre, possède des feuilles luisantes, garnies de piquants acérés et coriaces, au point qu'on les croirait inattaquables par les mollusques ; cependant elles sont toujours couvertes de petits escargots à coquille blanche, ornée de bandes sombres (fig. 44). Pendant le jour, fixés à leur face inférieure, ils cherchent un abri contre les rayons solaires et, la nuit, dévorent ces feuilles avec avidité, car beaucoup d'entre elles sont réduites à la fine dentelle des nervures.

Chose curieuse, la plupart des plantes cultivées sont démunies de moyens de défense alors que les espèces sauvages initiales en sont abondamment pourvues. La Laitue scariole des champs, des terrains vagues, se défend vigoureusement contre les Gastéropodes par ses poils et son latex. La Laitue cultivée, sa descendante, est glabre et ne contient presque plus de latex ; ses feuilles molles et tendres sont encore plus aimées des limaces et des escargots que de l'homme lui-même.

Cette transformation tient sans doute, à la nourriture abondante, à la profusion d'eau qui lui est fournie ; mais ne

Fig. 44. — Le Panicaut maritime, malgré le dur épiderme de ses feuilles, est toujours couvert de petits escargots qui y dorment pendant le jour et le dévorent pendant la nuit.

croirait-on pas vraiment, que la plante abandonne peu à peu ses moyens de défense parce qu'elle se sent protégée par l'homme ?

CHAPITRE XVI

LES HÉRISSONS VÉGÉTAUX

Se transformer en une pelote à aiguilles ambulante est sans doute peu aimable, mais c'est un procédé de défense extrêmement sûr pour un animal lent, paresseux, dépourvu de fortes dents et de griffes acérées. Hérissons, porcs-épics, échidnés, sous leur armure, se rient des fureurs de leurs ennemis. Le morceau qu'ils leur présentent est d'une digestion trop difficile et met un frein à leur appétit, même par un long jeûne surexcité.

Il en est de même des « hérissons » végétaux ; leurs piquants les préservent des atteintes des herbivores ; seul, peut-être, l'âne au dur palais se risque à les brouter et même y prend plaisir : le Chardon est son grand régal.

Rares parmi les bêtes, auxquelles ne manquent pas les moyens de défense plus actifs, les hérissons sont communs parmi les plantes. Non sans admiration, parfois non sans douleur, on constate qu'elles parviennent à protéger d'une façon efficace un corps ramifié, très étendu, en continuel développement.

Variétés de la forme et de la nature des piquants.

C'est que leurs armes sont autrement variées comme formes et comme dispositions que celles du même genre chez les animaux. Dans leurs épines on trouve à la fois un arsenal, une collection d'outils et un musée d'instruments de torture.

Certaines sont dentelées comme une scie, d'autres pointues comme une alène ou aplaties comme un poignard ; il
en est de recourbées en hameçon, de façonnées en fer de

Fig. 45. — Ce chardon, le Cirse des champs, a l'aspect féroce : les nervures de ses feuilles se terminent en piquants acérés ; son involucre est épineuse : toute sa tige est garnie d'aiguillons.

lance ou en hallebarde. On en voit qui sont simples et
dressées comme des piques, d'autres divisées et courbées
comme des pointes de fourche, ramifiées comme des

chausse-trapes. Les plus redoutables sont encore celles qu'on ne voit pas, tant elles sont fines, couchées à la surface des feuilles ou des tiges. Traîtresses, elles pénètrent dans les doigts et y restent, cuisant souvenir du contact.

Cette variété dans les armes défensives des plantes s'explique par la diversité de leur origine. Elles peuvent, comme chez tous les animaux à piquants, n'être que des productions épidermiques ; plus souvent, ce sont, tige ou feuille, des membres modifiés. Les botanistes, gens au langage parfois compliqué mais précis, ont nommé *aiguillons* les piquants du premier genre ; *épines*, ceux du second.

Les aiguillons, simples émergences des tissus superficiels, sont très peu adhérents ; ils se détachent facilement de l'écorce, laissant une cicatrice insignifiante qui disparaît vite. Ce sont, en quelque sorte, des poils sclérifiés ; ils ne contiennent pas de vaisseaux et sont disposés sans ordre. Tels sont les aiguillons des Ronces, des Églantiers (fig. 46), des Cardères (fig. 47), du Gaillet grateron ; tels sont aussi ceux qui se dressent sur la faîne (fig. 21), sur la châtaigne (fig. 18), sur les gousses de Luzerne et les marrons l'Inde ; ou encore ceux qui ont fait mériter au fruit du Datura le nom de *pomme épineuse*.

Les épines, au contraire, ne sauraient être arrachées sans déchirer les tissus auxquels elles adhèrent. Elles contiennent toujours des vaisseaux qui leur amènent la sève ; leur position est fixe et régulière comme celle des membres dont elles procèdent.

Dans l'Aubépine, certaines branches feuillées cessent tout à coup de s'allonger et, au lieu de se terminer, comme leurs voisines, par un bourgeon tendre et soyeux finissent en une pointe dure et ligneuse (fig. 46).

Même transformation dans le Prunellier. Ses rameaux piquants, par un curieux contraste, se chargent de fleurs délicates aux pétales blancs comme neige.

Chacune des tiges du Petit-houx, comme des feuilles

.vertes et plates, s'allonge en une pointe fine comme une aiguille (fig. 47) qui semble l'extrémité de la maîtresse nervure. Parfois même, comme chez les Ajoncs, feuilles et rameaux se mettent de la partie et, à qui mieux mieux, donnent des épines. Du haut en bas, la tige en est couverte (fig. 11).

Houx des bois, (fig. 19), Chardons (fig. 45) et Panicauts (fig. 44) des champs, des routes, des terrains vagues, prolongent la nervure médiane de leurs feuilles, ou même toutes leurs nervures latérales, en épines. Les bractées qui entourent l'inflorescence deviennent souvent aussi épineuses et, pour compléter l'aspect féroce de l'ensemble, toute la tige se garnit d'aiguillons.

Chez le Groseillier épineux (fig. 46) et l'Épine-vinette, ce sont les deux stipules qui forment les piquants placés à la base des feuilles. Le limbe lui-même en devient souvent un autre, de sorte que la feuille est alors représentée en totalité par trois épines divergentes auxquelles il ne fait pas bon se frotter.

Parmi les hérissons végétaux qui vivent sur notre sol, il faudrait citer encore certains Genêts, l'Ononis arrête-bœuf, Légumineuse assez commune, le Genévrier, le Smilax rude ou Liseron épineux, sans parler de nombre d'arbustes et d'arbres exotiques acclimatés depuis longtemps, Mahonias, Gléditschias, Acacias, etc., qui ornent les promenades, les parcs et les jardins.

Les causes de la formation des piquants

Assez nombreux sous nos climats tempérés, les « hérissons » végétaux sont très abondants dans les pays chauds et secs ; la spinescence est un des caractères les plus ordinaires de la flore des steppes et des régions désertiques. En France même, dans les terrains pauvres, dans les lieux découverts, grillés par le soleil, les plantes épineuses,

Ronces, Ajoncs, Panicauts, Chardons de toute espèce, parfois beaux, jamais aimables, poussent à la diable et couvrent le sol.

L'influence du milieu est grande sur la formation des piquants ; telle plante qui en est hérissée ici en possédera peu ou pas à quelques lieues de là dans un autre terrain.

L'observation et l'expérience sont d'accord pour montrer que trois causes : pauvreté du sol, sécheresse de l'air, intensité de l'éclairement, provoquent ou accentuent la spinescence. C'est ainsi que la culture diminue le nombre des épines et les fait disparaître parfois après plusieurs générations ; elles redeviennent des membres ordinaires.

M. Lhotelier, en 1894, a fait voir, par des expériences longtemps poursuivies, que les plantes à piquants, soumises à l'action de l'humidité, tendent à perdre leurs armes. La réduction s'opère de deux manières différentes, car, ainsi que nous l'avons vu, il y a piquants et piquants.

Ceux qui sont des feuilles modifiées, comme dans l'Épine-vinette, ou des tiges modifiées, comme ceux du Prunellier, ont tendance à reprendre le type normal. Ceux qui ont pour origine une stipule, organe non indispensable à la vie de la plante, diminuent, s'atrophient et peuvent disparaître complètement.

La privation partielle de la lumière amène aussi la suppression plus ou moins complète des piquants, mais toujours par régression, jamais par retour à la feuille ou à la tige initiales.

Les piquants seraient donc, en somme, la conséquence d'une nutrition insuffisante ; ce serait, si j'ose ainsi dire, l'une des manières, chez les plantes mal nourries, de manifester leur mécontentement. La misère, comme l'homme, rend le végétal rude, grossier, hargneux. Donnez-lui de bon terrain, de l'eau à discrétion et une lumière doucement tamisée, son caractère s'améliore et les relations avec lui deviennent possibles.

Le rôle des piquants.

Une question se pose, maintenant que nous savons comment naissent les piquants : quelle est leur utilité pour la plante ?

Un auteur anglais, Grindon, prétend que les piquants n'ont aucune utilité déterminée puisqu'on les trouve dans un grand nombre de familles différentes à formes et à besoins variés.

Bernardin de Saint-Pierre s'est beaucoup occupé des plantes épineuses et il n'est nullement embarrassé pour leur attribuer un rôle. Les épines ont été créées pour protéger les biens de l'homme contre les déprédations des bêtes sauvages. S'il y a beaucoup plus de plantes épineuses dans les pays chauds que dans le Nord, c'est parce que les animaux carnassiers y sont plus abondants.

Les épines, gendarmes pour Bernardin de Saint-Pierre, sont presque des paratonnerres pour de Saussure. Ce savant, qui eut jadis une haute réputation, fit des expériences établissant que les épines exercent une influence sur l'électricité atmosphérique, la soutirent de telle sorte qu'elle devient un agent actif de la végétation. Il faut noter que tous les végétaux, même les plus inermes, ont une action sur la distribution de l'électricité atmosphérique.

Le pouvoir des pointes, en cette matière, est plutôt d'inspirer le respect aux quadrupèdes herbivores que de soutirer l'électricité. Les piquants ont pour but de protéger les êtres qui les portent, hérisson ou Chardon, porc-épic ou Panicaut, bêtes ou plantes ; ils leurs permettent de se défendre sans attaquer. Que celui qui en doute aille, pour sa mie, couper en mai, une gerbe d'Aubépine, à la douce senteur d'amandes amères ! Cueillir un bouquet d'églantines sans mettre ses vêtements en lambeaux et ses doigts en sang est une opération méritoire qui exige une habileté

consommée. Les Ajoncs, au printemps, sont, par leurs fleurs
ailées, méta-baguettes d'or vent tenté de morphosés en qu'on est sou-saisir. Elles sont

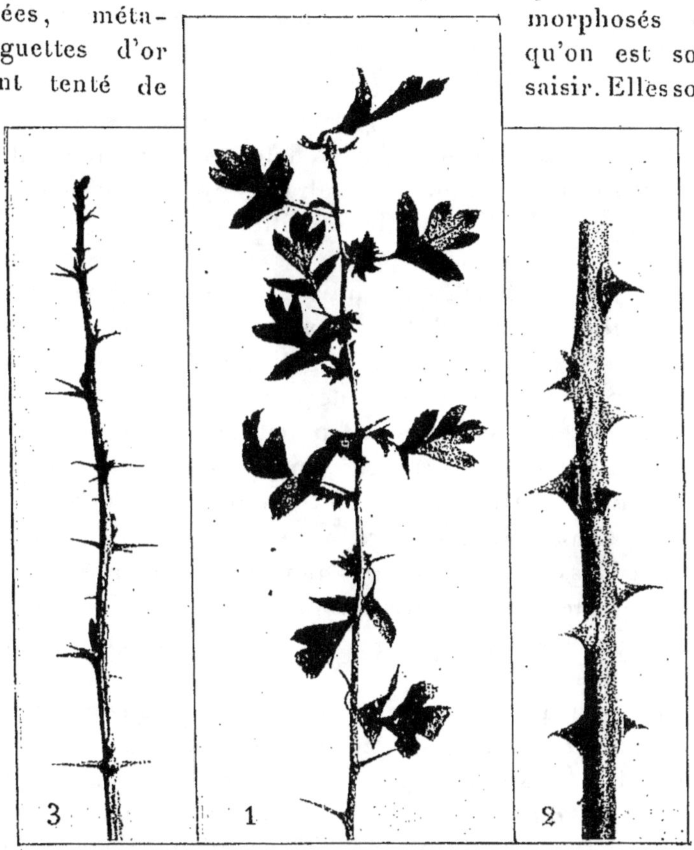

Fig. 46. — Où les profanes ne voient que des piquants, les botanistes
distinguent des aiguillons, simples poils durcis (Églantier, 2) et des épines.
Ces dernières sont des tiges (Aubépine, 1) ou des feuilles transformées (Groseillier épineux, 3).

si belles; elles brillent tant! Mais le formidable hérissement
des piques dressées de tous côtés sans le plus petit espace
pour mettre la main, calme l'ardeur du cueilleur de fleurs; il
admire, mais il passe; la crainte est le commencement de la
sagesse : l'Ajonc sait pratiquer la paix armée (fig. 11).

Prunellier, Épine-vinette, Groseillier, savent aussi défendre contre la dent des bêtes leurs jeunes feuilles et leurs bourgeons tendres qui leur sont nécessaires pour vivre ; contre la main de l'homme, leurs fleurs et leurs fruits indispensables pour assurer la perpétuité de leur espèce.

Les partisans de la théorie défensive des piquants ne manquent pas d'arguments solides. Voyez, disent-ils, un Houx âgé ; tandis que les feuilles du bas que peuvent atteindre les animaux herbivores sont dentelées et épineuses (fig. 19), celles du haut sont entières et à bords unis ; les feuilles des grands Chênes verts sont inoffensives, tandis que celles des exemplaires de petite taille, rabougris, buissonneux, sont garnies de fortes épines.

Où ils dépassent peut-être un peu la mesure, c'est quand, citant l'exemple des espèces épineuses à l'état sauvage qui deviennent inermes par la culture, ils disent que la plante protégée par l'homme « renonce » peu à peu à ses armes défensives désormais inutiles, puisque grâce à lui ses ennemis sont écartés : une nourriture plus riche et de l'eau à profusion sont, dans ce cas, les seules causes qui lui font déposer les armes.

Les piquants rigides des fleurs et des fruits ont évidemment un rôle analogue, avec cette différence qu'ils sont affectés à la défense de l'espèce au lieu de l'être à la protection de l'individu. L'exemple de la pomme épineuse, fruit du Datura stramoine, celui du Marronnier d'Inde et surtout celui du Châtaignier sont les plus frappants, les plus piquants, pourrait-on dire. Qui oserait nier que les trois châtaignes, enfermées sous leur commune armure si formidable, ne soient parfaitement à l'abri des attaques des animaux, rongeurs et autres, qui apprécient en fins gourmets leurs réserves si nourrissantes, riches en sucre et en fécule !

Beaucoup de plantes basses ont des fruits qui se passent de la protection d'une pareille forteresse, mais sont revêtus de crochets dont la fonction est de se prendre à la toison des mammifères qui s'y frôlent, ce qui facilite leur dissémination.

Chez les Ronces au long sarment, chez les Églantiers, les aiguillons recourbés par le bas s'appuient sur les murailles, sur les tiges qui croissent à leur voisinage et permettent à ces plantes de grimper. Le Gaillet grateron dont la tige est si grêle arrive cependant jusqu'à deux mètres et plus en s'étayant contre les troncs voisins à l'aide de ces milliers de crochets. Le Houblon, déjà bien organisé pour la vie grimpante par sa volubilité, porte de plus des crochets qui le retiennent plus fortement encore à son support et favorisent son ascension vers la lumière.

Tels sont, rapidement énumérés, les divers avantages que peut présenter pour elle-même la spinescence d'une espèce. Elle peut, par surcroît, être utile à d'autres plantes et même à certains animaux.

Les plantes épineuses sont, en effet, parmi les premières qui se développent dans les terres en friche ou dans les forêts abattues. Sous les sarments courbés en arc des Ronces, à l'abri des tiges d'Ajonc ou des branches entrelacées des Prunelliers, bien des herbes pourront croître qu'auraient broutées les herbivores sans cette protection. Quelques jeunes arbres en bénéficient aussi, germent sous une nappe de Ronces, grandissent à l'abri des injures des animaux, prennent force, puis, noire ingratitude, par leurs épais ombrages, finissent par étouffer leurs protecteurs.

L'homme, imitant la nature, emploie les plantes à la protection de son domaine ou de ses récoltes; il entoure son champ d'une haie d'épines qui vaut un mur pour arrêter les malfaiteurs à deux ou quatre pattes; il couvre, dans son jardin, la semence qui lève, de rameaux épineux.

Quant aux oiseaux, beaucoup y trouvent, pour la confection de leurs nids, des touffes de poils ou de laine arrachées au quadrupède qui passe, en même temps qu'un abri sûr et, à l'automne, de bons repas, quand les buissons sont

couverts de mûres, de cenelles, de prunelles, des fruits
de l'Épine-vinette et de l'Églantier. Ils contribuent d'ailleurs, comme nous l'avons vu, à propager ces plantes
qui les nourrissent.

Les plantes épineuses
offrent aussi une belle matière à philosopher.

Les aiguillons des roses

Fig. 47. — Les
pointes acérées
qui terminent les
tiges, plates et
vertes comme des
feuilles, du Fra-
gon épineux (1),
celles qui héris-
sent le fruit de la
Cardère syl-
vestre (2) protè-
gent avec effica-
cité ces plantes
contre les herbi-
vores.

nous montrent qu'il n'est pas de plaisirs sans peines. Alors
que le grincheux n'y voit que l'épine, l'homme aimable
n'aperçoit que la fleur. « Une seule épine, a dit le suscep-
tible auteur des *Études de la nature*, me fait plus de mal
que l'odeur de cent roses ne me fait plaisir. »

Au contraire, le doux philosophe Joubert a dit : « Au
lieu de me plaindre de ce que la rose a des épines, je me féli-

cite de ce que l'épine est surmontée de roses et de ce que le buisson porte des fleurs. »

Alphonse Karr a dit depuis, et en vers :

> De leur meilleur côté tâchons de voir les choses,
> Vous vous plaignez de voir les rosiers épineux :
> Moi, je me réjouis et rends grâces aux dieux,
> Que les épines aient des roses.

CHAPITRE XVII

LES RESSEMBLANCES PROTECTRICES

Il est dans la nature de l'homme de vouloir expliquer
toutes choses, l'aile de l'oiseau, le cou de la girafe, la
bosse du chameau ; il lui faut la raison des haines et des
amitiés, des contrastes et des ressemblances, de la forme
des feuilles, des nuances des écorces, du parfum des fleurs
et de leur beauté. Comme les hommes eux-mêmes, les
théories diffèrent. Telle a la vogue en ce moment qui sera
pour nos petits-neveux un objet de moquerie.

Quelques herbes de nos prairies rappellent — oh ! de
très loin — par leurs feuillages et leurs proportions le port
du Pin, du Sapin ou du Chêne. Il n'en fallut pas plus à
Bernardin de Saint-Pierre, merveilleux écrivain, médiocre
naturaliste, pour admettre que « chaque arbre a une con-
sonnance dans les herbes ». Et pour quel motif la nature
a-t-elle — au dire de Bernardin — créé deux exemplaires
de chacun de ses types, un minuscule et un gigantesque,
l'un, habitant du royaume de Lilliput, l'autre, citoyen du
pays de Brobdingnac ; pourquoi cette répétition ? C'est que,
comme un décorateur habile, elle a voulu offrir à l'homme,
son Benjamin, avec de petits espaces, l'illusion d'un grand
terrain.

« Si vous êtes sous un bosquet de Chênes et que vous
aperceviez sur un tertre voisin des touffes de Germandrées,
dont le feuillage leur ressemble en petit, vous éprouverez
les effets d'une perspective. Ces dégradations de proportions
s'étendent même des arbres jusqu'aux mousses, et sont les
causes, en partie, du plaisir que nous éprouvons dans les
lieux agrestes, quand la nature a eu le loisir d'y disposer

ses plans. L'effet de ces illusions végétales y est si certain, que si on les fait défricher, le terrain, dépouillé de ses végétaux naturels, paraît beaucoup plus petit qu'auparavant. »

Des ressemblances aussi vagues que celle du Chêne et de la Germandrée peuvent prêter à des développements littéraires, mais ne méritent pas d'arrêter dix minutes la pensée d'un botaniste. Il n'en est pas de même de celles qui existent entre quelques herbes de la flore française.

Les plantes matamores.

La Matricaire inodore est le sosie de la Camomille : mêmes feuilles, même port, mêmes proportions. On peut, il est vrai, alléguer que cette ressemblance est toute naturelle. Ces deux plantes ayant mêmes fleurs, font, d'après la classification actuelle fondée sur les organes reproducteurs, partie de la même famille. Notons pourtant que la Camomille sait fabriquer des principes forts et amers qu'ignore la Matricaire. La Bugle jaune diffère de ses congénères par son aspect et par la forme de ses feuilles, mais en revanche elle copie l'Euphorbe petit-cyprès. Deux sœurs jumelles ne se ressemblent pas davantage. Ici pourtant, pas de parenté, aucune analogie entre les énergies chimiques et les propriétés. Le cas le plus notable est celui de la cuisante Ortie et du Lamier blanc. Les deux plantes se plaisent dans le voisinage de l'homme, près des villages, le long des murs ; elles croissent côte à côte, mélangeant leurs feuilles de même forme, dentelées de même façon, insérées de même sur la tige. La photographie d'un groupe de ces plantes associées prise par nous au mois de juin, vaut mieux pour établir leur ressemblance que nos affirmations (fig. 48). Seules, les fleurs diffèrent ; celles du Lamier, grandes et blanches ; celles de l'Ortie, vertes, petites, peu apparentes.

Jusqu'à l'époque déjà lointaine où commencèrent à triompher les doctrines darwiniennes, les botanistes ne se mettaient pas martel en tête au sujet de ces ressemblances qui leur paraissaient un pur effet du hasard. L'évolution, à son

Fig. 48. — La cuisante Ortie et l'inoffensif Lamier blanc croissent côte à côte, mélangeant leurs feuilles de même forme. Le Lamier bénéficie ainsi de la crainte inspirée par l'Ortie.

début, y vit un résultat de la sélection naturelle et les fit rentrer dans l'ordre de faits connus, depuis Bates, sous le nom de mimétisme.

Communs chez les animaux, les cas de mimétisme,
c'est-à-dire de ressemblance protectrice avec le milieu, pour
être moins visible, ou avec d'autres espèces mieux protégées, sont fort rares chez les plantes, puisqu'ils se réduisent aux trois que nous venons de citer.

D'après cette théorie, le Lamier bénéficie de son masque
trompeur; les animaux le laissent en paix et bien des gens,
se fiant aux apparences, hésitent à y toucher, craignant la
présence de poils urticants qui n'existent pas.

Matricaire et Bugle petit-pin, dépourvues de même de
toute défense, ont avantage à imiter la Camomille et l'Euphorbe petit-cyprès contenant l'une et l'autre des principes âcres, aromatiques ou toxiques, dont le mammifère
éloigne ses dents, l'insecte ses mandibules.

Mais comment ces plantes inoffensives ont-elles acquis
ces utiles caractères? Supposez, répondent beaucoup de
botanistes, que parmi les ancêtres du Lamier blanc, il s'en
soit rencontré certains ayant des feuilles assez semblables
à celles de l'Ortie; protégés par cette variation accidentelle
ils auraient eu plus de chance de perpétuer l'espèce; or,
cette ressemblance, étant avantageuse, a toujours été en
augmentant jusqu'à la perfection. La sélection naturelle
permettrait donc, par ce procédé, la survivance des plus
faibles.

Des critiques se sont élevées contre cette conception,
l'imitation protectrice n'étant utile que quand elle est parfaite. Si elle l'a été de tout temps que vient faire ici la sélection naturelle? Tout cela prouve que l'ère des discussions
n'est pas près d'être close. Quand on croit tenir une bonne
explication, d'autres arrivent qui la jettent à terre. Qui nous
dira vraiment pourquoi le paisible Lamier blanc imite la
brûlante Ortie?

Faire le matamore peut réussir au végétal comme à
l'homme et chacun peut s'y laisser prendre, au moins pour
quelque temps.

Il n'est pas douteux que, de toutes les plantes, les mieux protégées par des moyens chimiques ne soient les Champignons vénéneux. Ces Cryptogames fabriquent de redoutables toxines amenant la mort, parfois

Fig. 49. — Le Souci des champs (1) a des fruits de deux sortes ; ceux du pourtour sont munis de crochets ; ceux du centre sont contournés, semblables à de petites larves vertes. Les graines du Mélampyre des prés (2) ressemblent d'une manière véritablement étonnante à des œufs de fourmi. Les fourmis emportent dans leurs demeures fruits et graines et ainsi les disséminent. Ces ressemblances, peut-être fortuites, sont avantageuses pour les plantes qui les présentent.

même à très faible dose. Dans toute la série des êtres vivants, les serpents les plus venimeux peuvent seuls leur être comparés à ce point de vue. N'est-il pas remarquable, vraiment, de voir des Champignons comestibles à saveur délicieuse, copier d'une façon presque parfaite certaines espèces vénéneuses et n'est-on pas en droit de rapporter au mimétisme ces ressemblances étranges ?

« L'Oronge vraie, dit M. P. Vuillemin, étale sur sa chair délicate la couleur redoutée du vulgaire Champignon rouge et le mets des Césars est aussi délaissé que l'ignoble Tue-mouche. Et comme chaque année de nouveaux malheurs viennent rappeler combien il est facile à un œil inexpérimenté de confondre l'Agaric panthère avec la Cormelle des bois, les Bolets vireux avec les Cèpes, les espèces comestibles, personnellement privées de toute défense, ont si bien jeté l'alarme parmi leurs redoutables ennemis, qu'elles trouvent une protection aussi haute qu'inattendue dans les règlements de police et dans les arrêts de rigueur qui leur défendent de quitter les forêts pour envahir les marchés. »

Les fruits et graines à formes d'insectes.

Moins dangereuses, mais tout aussi intéressantes sont les ressemblances que présentent quelques graines ou fruits avec des insectes.

Il en est, sans doute, de fortuites, mais quelques-unes peuvent constituer un avantage pour la propagation des espèces qui les possèdent. Annelées et velues comme des scolopendres, contournées comme des chenilles en marche, sont les gousses de quelques Légumineuses de la région méditerranéenne : Bissérule pélécine, Scorpiure velu, Scorpiure chenille.

Pourquoi ce déguisement ? Parce que, suivant certains auteurs, les graines qui y sont renfermées germent mieux quand elles ont traversé le tube digestif des oiseaux. Or, quelques-uns de ceux-ci, distraits ou sans cervelle, trompés par cette ressemblance assez grossière, peuvent les manger et ne rendre les graines que beaucoup plus loin ; ou même si, reconnaissant leur bévue au moment de l'ingestion, ils laissent dédaigneusement tomber le fruit, il n'en est pas moins vrai qu'ils l'ont éloigné de la plante mère.

Le Souci des champs — vilain nom, jolie plante — forme deux sortes de fruits adaptés de façons différentes pour la dissémination (fig. 49). Ceux du pourtour s'adressent aux mammifères pour se faire transporter, car ils sont munis de crochets qui se prennent facilement aux poils ; ceux du centre, contournés, ayant l'apparence de petites larves vertes, en veulent à des animaux plus petits. Les fourmis, toujours en quête de friandises pour leurs insatiables élèves, se laissent tromper, dit-on, et, les prenant pour de jeunes larves, transportent ces fruits dans leur demeure. Les graines seront ainsi mises en bonnes conditions pour germer.

Avec le Mélampyre des prés (fig. 49), autre histoire de fourmis ! Cette plante, assez commune partout, possède sur ses bractées, feuilles qui avoisinent les fleurs, de petites glandes dont chacune ressemble à un demi-melon coupé à son équateur et dont les tranches sont visibles. Cette miniature de melon — un nectaire — est sucrée ; la fourmi en apprécie fort la saveur et y vient faire plus d'un tour. Au cours de ses voyages à la surface de la plante, il peut arriver qu'elle aperçoive les graines. Or, ces dernières ressemblent tout à fait à ce qu'on appelle vulgairement des œufs de fourmis, c'est-à-dire aux cocons des larves. On y voit même une sorte de sac à excréments formé par la chalaze. Ce dernier trait est caractéristique ; comment ne pas s'y laisser tromper ? Une mère, sans doute, verrait, malgré le sac, que ce n'est pas là son enfant, la fourmi n'est que nourrice sèche, et s'y fait prendre. Elle croit avoir découvert un cocon égaré, perdu par une de ses compagnes, s'applaudit de sa vigilance et, heureuse comme Vincent de Paul ramassant un enfant trouvé, s'empresse de ramener le pauvre abandonné à la *nursery*.

Ce faux cocon, qui, aux vrais, ressemble comme un frère, sera entouré des mêmes soins. Chaque jour, il sera porté au grand air pour prendre ce bain de soleil si nécessaire aux enfants ; le soir, quand tombe la fraîcheur, entre les mandibules d'une vigilante ouvrière il reprendra le chemin de la souterraine demeure.

Ces promenades au soleil ont un résultat imprévu ; elles dessèchent du faux cocon l'enveloppe externe qui se fendille et tombe ; la graine apparaît noire. Du coup, toute ressemblance s'efface ; cocons noirs ne sont pas de mise chez les fourmis. La graine est abandonnée sur le lieu même où s'est produit son brusque changement de couleur ; elle y germe quand les circonstances deviennent favorables.

CHAPITRE XVIII

LES GALLES

La recherche de la nourriture est le grand souci de tous les êtres vivants, la principale cause de la lutte continuelle à laquelle se livrent les animaux entre eux, les plantes entre elles. Il est une troisième forme de ce combat, c'est l'attaque des plantes par les animaux invertébrés qui veulent y trouver à la fois gîte et couvert, soit pour eux, soit pour leur descendance. Il semble que, dans cette lutte, la victoire ne soit pas incertaine et que le végétal, privé de tout moyen de défense, doive rapidement succomber.

En réalité, son infériorité n'est qu'apparente ; s'il ne peut repousser l'attaque, il sait réagir contre l'envahisseur et limiter ses ravages.

Cette sorte d'association — involontaire de la part de la plante — a, des botanistes, reçu le nom de *cécidie*, et les tumeurs végétales qui en sont la conséquence sont les *galles*.

Abondance des galles.

Beaucoup de personnes, peu portées à l'observation, ne connaissent que la *noix de galle* ou *galle du Levant* et s'imaginent que de telles productions sont rares en nos pays. Pourtant, des yeux attentifs en aperçoivent partout, sur les arbres de la forêt, sur les herbes de la prairie et du bord des routes ; il suffit de savoir regarder. Aucun organe n'en est exempt ; mais feuilles et tiges surtout supportent ces curieuses tumeurs, fruits étranges dont la couleur, la structure et l'aspect varient avec chaque plante et, sur une même plante, avec l'insecte qui les produit. Il en est de

sphériques qui, suivant leur grosseur, rappellent la pomme,
la noix, la cerise, la groseille; d'au-
tres ressemblent à de petits artichauts
ou à des cônes de houblon. On con-

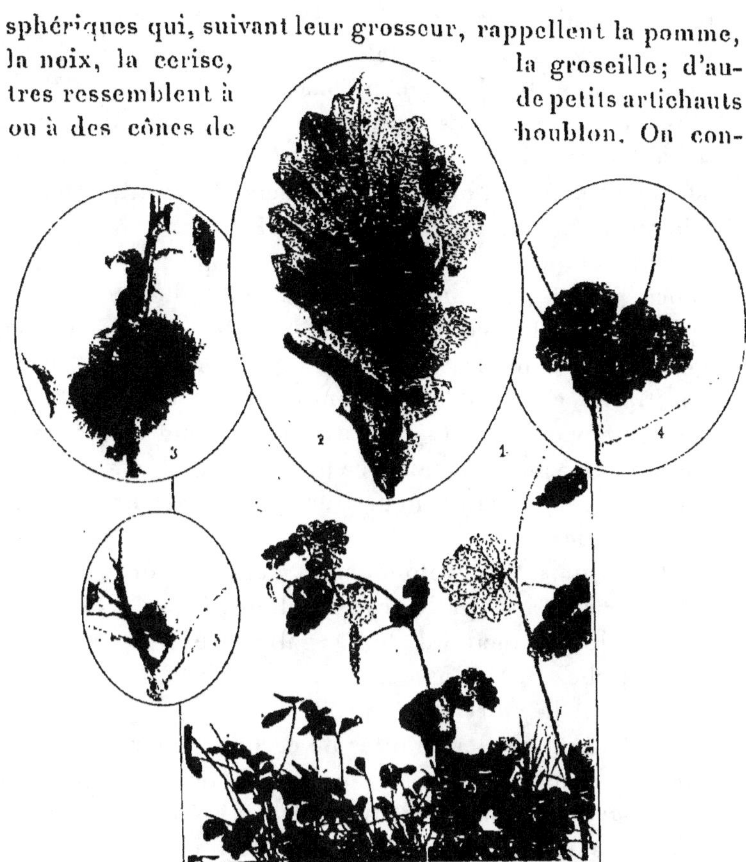

Fig. 50. — Attaquées par les insectes, les plantes réagissent par des
tumeurs ou galles de formes variées : galle en bourse du Lierre terrestre (1),
galle en cerise des feuilles du Chêne (2), galle chevelue de l'Églantier (3),
galle rugueuse de l'Orme (4), galle ronde des branches du Chêne (5).

naît des galles en lentille, en bourse et en chapeau.

Comment se forme une galle.

Assistons à la formation d'une galle. Par un beau jour
d'été, suivons les évolutions de la femelle d'un Hyménop-

tère, le Cynips des baies du Chêne. Elle porte une tarière fort longue et des plus déliées qui, au repos, se loge dans une rainure de l'abdomen, mais qu'à volonté elle peut étendre par le jeu des muscles. La voici qui voltige au-dessus d'une feuille de Chêne ; elle s'y pose, dresse sa tarière et, au voisinage d'une nervure, incise la feuille. Dans cette blessure béante, elle pond un œuf.

Dès cet instant la galle existe en puissance. Le venin lancé par la pondeuse, les mandibules de la jeune larve qui attaque les cellules de la feuille pour s'en nourrir, produisent une irritation ; le végétal réagit ; il accroît et multiplie ses cellules pour entourer son ennemi d'un kyste protecteur et l'isoler. Cette tumeur défend la plante contre le parasite, mais fournit à ce dernier, en même temps qu'un abri, une abondante nourriture qu'il n'est pas possible de lui refuser.

Désormais le développement des deux organismes associés, parasite et galle, est parallèle. Tout arrêt de croissance de l'animal ou de la galle provoque des troubles vitaux chez l'autre associé. La mort de l'un entraîne nécessairement la mort de l'autre.

A l'automne, les feuilles de certains Chênes sont littéralement couvertes de ces pommes vertes et rouges dont les plus grosses sont toujours placées près du pétiole. Dans cette demeure confortable qui vaut toutes les souterraines cachettes, la larve dort son sommeil hibernal, au printemps se transforme en nymphe, et l'adulte, pour arriver au jour, creuse un tunnel avec ses mandibules.

Les insectes gallicoles et leurs productions.

Le Chêne est d'ailleurs le plus attaqué de tous les arbres (fig. 5o). Le *Cynips terminal* produit sur ses tiges d'énormes nodosités irrégulières renfermant chacune en leur centre douze à quinze cellules qui sont les logements d'autant de larves. Le *Cynips aptère* s'attaque aux racines et provoque par sa piqûre des galles volumineuses. La *galle corniculée*, la *galle couronnée*, etc., sont dues, sur les tiges et les feuilles des diverses espèces du Chêne, à des Cynips spéciaux.

Les *bédéguars*, galles chevelues des tiges de l'Églantier, prennent naissance à la fin de mai. Ils ont, en été, la grosseur d'une nèfle, avec des nuances vertes et rouges entremêlées d'un effet charmant, mais qui se rembrunissent à l'automne (fig. 50). Sous ce toit de mousse habitent les larves d'un Cynips. La maison elle-même, malgré l'apparence, est résistante, à parois ligneuses très épaisses, divisée en loges contenant chacune un habitant qui l'a creusée lui-même. Tous ces voisins, ces fils d'une même mère, séparés les uns des autres par une mince cloison, s'ignorent profondément. La métamorphose en nymphe n'a lieu qu'au printemps suivant et les adultes éclosent au bout d'environ deux semaines ; mais si c'est par un jour froid et pluvieux, ils restent sous l'abri qui les vit naître et attendent, pour essayer leurs ailes nouvelles, une belle journée ensoleillée.

Les Cynips ne sont pas les seuls insectes gallicoles. Les Tenthrèdes, quelques Lépidoptères, des Hémiptères, des Diptères et même des Acariens sont des agents actifs des productions gallaires.

C'est une sorte de puceron (*Schizoneura lanuginosa*) qui produit les énormes galles irrégulières que porte l'Orme et qui, en hiver, sont fort visibles sur ses branches dénudées. Cette cécidie diffère de toutes celles dont nous venons de parler en ce qu'elle n'est pas une cavité close; l'insecte vit à sa surface, simplement protégé par les nombreuses anfractuosités qu'elle présente (fig. 50).

La galle en bourse du Gléchome faux lierre ou Lierre terrestre, très commune sur cette herbe au cœur de l'été, est due à un Diptère (fig. 50).

C'est aussi un insecte de ce groupe, une petite mouche (*Cecidomya rosaria*) qui forme la *rose du Saule*, production que portent de jeunes rameaux du Saule blanc (*Salix alba*) et qui a la forme d'une rose épanouie. Ce n'est pas, à proprement parler, une galle, mais une *galloïde*, c'est-à-dire une déformation permettant de voir les larves par simple écartement des parties qui les abritent.

L'insecte qui piqua la feuille n'a pas travaillé uniquement pour sa progéniture. Dans l'habitation qu'il force la plante à construire, ses larves ne sont pas toujours les uniques locataires ; des intrus s'y logent parfois en même temps que l'œuf du Cynips. C'est ce qu'on observe souvent pour la galle en cerise des feuilles de Chêne et pour certaines galles en artichaut des bourgeons du même arbre.

Parfois, après le départ des légitimes propriétaires, un insecte étranger visite la demeure, la trouve à son goût et y reste. Il n'y a pas, dans ce cas, violation de domicile habité ; c'est un bien sans maître dont il est légitime de s'emparer.

Les galles sont nuisibles aux plantes ; elles constituent une dépense inutile, de la matière perdue pour nourrir un parasite ; c'est une des mille petites misères de léur existence.

CHAPITRE XIX

PLANTES A PIÈGE ET FLEURS A SECRET

Dans les rapports des plantes avec les animaux et, en
particulier, avec les insectes, ce ne sont pas toujours ces
derniers qui ont le beau rôle. L'insecte suce le nectar,
lèche le pollen ; il vit de la fleur et lui nuit souvent, cependant celle-ci peut être disposée de telle sorte que la plante
bénéficie de ces visites pour sa descendance. Elle peut en
tirer profit pour elle-même, et s'il est beaucoup d'insectes
qui mangent les plantes, il est, semble-t-il, quelques plantes
qui mangent les insectes. C'est l'examen des pièges foliaires et floraux que nous allons faire.

Les plantes carnivores.

Le Droséra à feuilles rondes, petite plante qui peut
atteindre vingt centimètres, croît dans les endroits tourbeux
de toute la France et donne, à la fin de l'été, des fleurs
blanches insignifiantes. A la base de la hampe florale
est une rosette de feuilles rougeâtres appliquées contre le
sol et couvertes de poils glandulaires terminés par une tête
arrondie. Ces sortes de tentacules sont d'une sensibilité
extraordinaire ainsi que la feuille elle-même. Un poids d'un
centième de milligramme les met en mouvement, alors que
la chute des plus grosses gouttes de pluie est sans effet sur
eux.

Lorsqu'un petit insecte touche un tentacule, celui-ci se
recourbe en moins d'une minute ; les tentacules voisins
imitent ce mouvement ; un liquide épais sécrété par les
glandes se déverse sur l'insecte, l'immobilise, l'asphyxie,

puis le digère, ne laissant que la chitine et les ailes.
Si l'on dépose à la surface de la feuille un corps inorganique, les tentacules, un

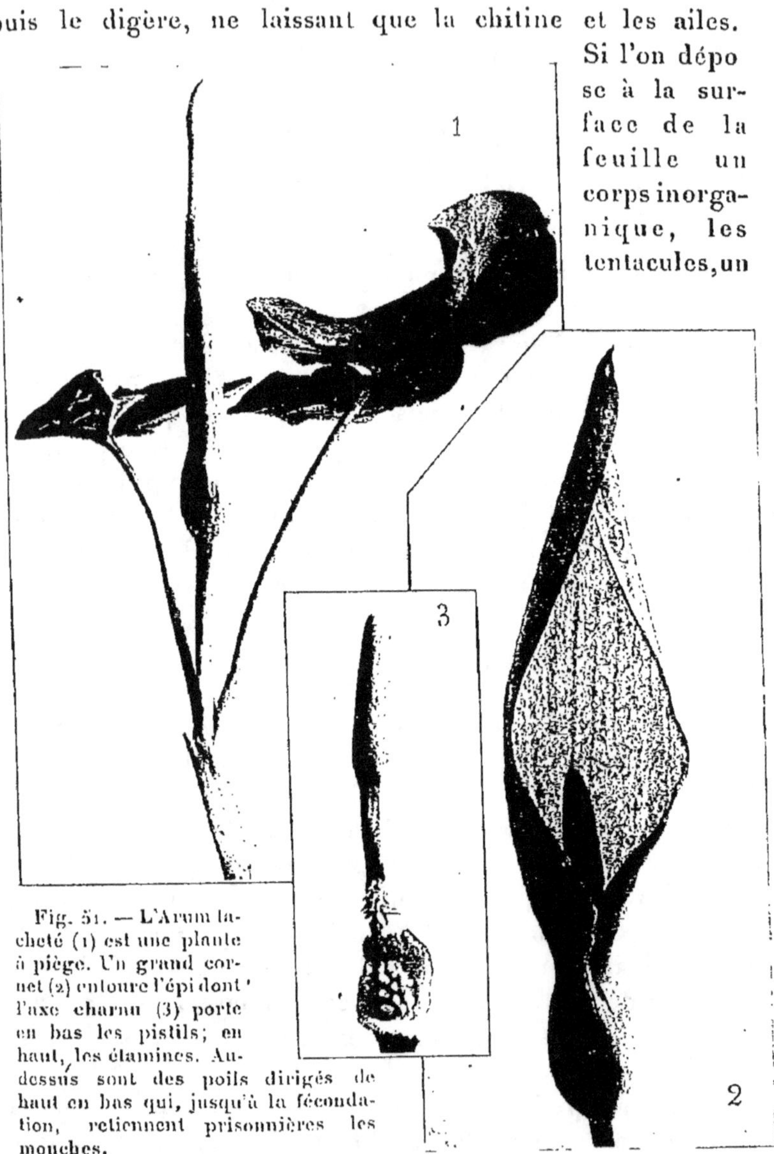

Fig. 51. — L'Arum tacheté (1) est une plante à piège. Un grand cornet (2) entoure l'épi dont l'axe charnu (3) porte en bas les pistils; en haut, les étamines. Au-dessus sont des poils dirigés de haut en bas qui, jusqu'à la fécondation, retiennent prisonnières les mouches.

instant repliés, se redressent rapidement et la sécrétion est presque nulle. On ne trompe pas le Drosère !

Grâce au liquide visqueux dont ses feuilles sont constamment recouvertes, la petite plante peut capturer des insectss ailés, tandis que sa célèbre rivale américaine, la Dionée attrape-mouches, sa proche parente, doit se contenter d'individus aptères. Ce liquide contiendrait de la pepsine comme notre propre suc gastrique, et on a montré que les Drosères nourris d'insectes croissent plus vigoureusement que les autres. L'absorption a été mise en évidence par un chimiste anglais, M. Clareck, qui a offert à ses Drosères des mouches sautées au citrate de lithium. Quelques jours après, à l'aide de l'analyse spectrale, il a retrouvé ce métal dans toutes les parties de la plante.

Quel avantage la plante retire-t-elle de ces captures ? Aucun, dit de Candolle, s'appuyant sur ses expériences. — Une floraison plus vigoureuse, affirme Darwin. Comment, d'ailleurs, l'accord serait-il possible puisque, quelques naturalistes, sans contester les phénomènes de digestion, nient l'absorption ! Bien mieux, M. Musset, qui a observé pendant trois ans le Drosère, affirme que cette plante n'est pas carnivore. Elle serait même végétarienne, puisqu'il a vu sur les feuilles à pièges des fragments de mousses attaqués par le liquide acide !

L'Aldrovande à vessies, de la même famille, est une petite plante sans racines, qui flotte sur l'eau ; ses feuilles verticillées ont un large pétiole et un limbe bilobé à face supérieure glanduleuse. Ces deux lobes, qui s'ouvrent à peu près autant que les deux valves d'une moule vivante, peuvent capturer de petits crustacés, de jeunes mollusques, des larves d'insectes aquatiques.

Les Lentibulariées, représentées en France par les deux genres Pinguicula et Utriculaire sont considérées aussi comme plantes carnivores. Notre Grassette commune (*Pinguicula vulgaris*), abondante dans les prairies tourbeuses où elle épanouit en juillet ses mignonnes fleurettes blanches,

violettes ou roses, curieusement irrégulières, est une petite
plante de quinze centimètres au plus. Ses feuilles charnues,
en rosette, ont leur face supérieure couverte de poils glandulaires, sessiles ou pédonculés, ressemblant à de petits
champignons. Dès qu'un moucheron se pose sur cette région
gluante et duveteuse, c'en est fait de lui. Il cherche à reprendre son vol, ses pattes empêtrées l'immobilisent ; il
s'épuise en vains efforts ; les bords de la feuille se repliant
sur lui le plongent dans l'obscurité du tombeau ; il périt
bientôt, et, en deux ou trois jours, il disparaît en entier
sauf les parties dures.

Comme le suc gastrique, les feuilles de la Grassette font
cailler le lait ; elles sont employées à cet usage dans les
fermes depuis bien longtemps.

Avec les Utriculaires, nous sommes en présence d'un
piège tout différent. Ces petites plantes des eaux stagnantes,
aux fleurs jaunes striées d'orange, ressemblant de profil à
une tête d'animal, ont des feuilles très découpées réduites à
leurs nervures. Certaines sont transformées en petites vésicules ovoïdes de deux à cinq millimètres de diamètre,
situées près de la naissance des branches. Ces outres présentent une ouverture entourée de poils ramifiés et qui peut
être fermée par une mince soupape s'ouvrant seulement de
dehors en dedans.

L'intérieur de la cavité présente de nombreux poils et
des cellules glandulaires.

On a bataillé ferme autour de ces vésicules. Duchartre
y voit uniquement des flotteurs, ainsi que nous l'avons déjà
exposé [1].

Mais si les vésicules sont de simples flotteurs, pourquoi
ces poils, ces glandes, toute cette structure compliquée ?
Comment expliquer qu'on les trouve toujours remplies de
petits crustacés, de larves d'insectes et même de minus-

---

[1] Voir page 37.

cules alevins qui ont forcé étourdiment la soupape et sont
venus se faire prendre dans cette nasse où l'on retrouve
leurs débris ? Darwin n'hésite pas à faire des Utriculariées
des plantes carnivores, mais pas cependant à la façon des
précédentes, car elles ne digèrent pas les matières animales, se contentant d'absorber les substances provenant
de leur décomposition.

Quelques piéges floraux.

Nous n'avons décrit ici que des pièges foliaires, les pièges
floraux sont peut-être plus nombreux encore. La fleur des
Asclépias emploie la glu pour se protéger contre les visites
des insectes. En même temps que le nectar, but de leur
convoitise, elle sécrète un liquide visqueux qui les retient
par la trompe ou par les pattes. De petits papillons, des
mouches, des coléoptères font à cette fleur des visites qui
commencent bien et qui finissent mal ; leurs cadavres se
rencontrent en nombre sur le réceptacle transformé en
nécropole.

C'est aussi par la glu, mais exsudée par leur tige, que
quelques Caryophyllées, comme le Silène armeria et le
Lychnis visqueux empêchent les visites des insectes aptères,
inutiles à la fécondation.

Avec la spathe en cornet qui entoure l'inflorescence des
Arum, nous abandonnons les procédés violents. L'Arum
tacheté de nos bois (fig. 51) contient toujours dans sa
spathe des cadavres d'insectes, mais toutes les bestioles qui
visitent l'inflorescence, soit pour y pondre, soit pour y
puiser du nectar, n'y trouvent pas la mort. Au centre du
cornet foliaire est un support charnu en bas duquel sont
les pistils ; en haut, les étamines. On pourrait croire que le
pollen tombe directement sur les stigmates, mais, il n'en
est rien, ces derniers étant déjà secs au moment de la
déhiscence des loges. La fécondation doit donc avoir lieu

par l'intermédiaire des insectes. Les mouches qui pénètrent seulement avant la mise en liberté du pollen s'en tirent à bon compte. Elles se trouvent, il est vrai, retenues prisonnières par une rangée de poils dirigés de haut en bas ; mais bientôt les anthères s'ouvrent, le pollen tombe sur les mouches, les poils qui leur barraient la route se flétrissent ; les pauvres captives rendues à la liberté vont, malgré cette séquestration, porter sur une autre fleur la poussière fécondante dont elles sont couvertes, n'ayant pour se payer de leurs peines qu'une goutte de nectar.

Les fleurs à secret.

Les plantes à piège n'éveillent que des idées de massacre, de captivité. Abordons un sujet plus gai, celui des mécanismes brevetés — avec garantie de la nature — employés par les fleurs pour assurer la fécondation croisée, essentiellement favorable aux espèces. La description complète des *fleurs à secret* exigerait des volumes, aussi bien trouve-t-on chez les fleurs les plus différentes, les mêmes agencements à peine modifiés. Quelques exemples suffiront pour montrer l'intérêt d'un sujet sur lequel chaque lecteur a fait déjà, ou pourra faire, des observations personnelles.

La fleur de la Sauge des prés (fig. 28) est machinée d'une façon curieuse. La corolle en tube, largement bilabiée au sommet, a pour lèvre supérieure un capuchon qui protège les anthères, tandis que l'inférieure est une plate-forme qui fournit à l'insecte butinant un support commode. Le petit gourmand semble donc n'avoir qu'à enfoncer sa trompe jusqu'aux nectaires situés au fond du tube périanthique. Mais, en réalité, la route est barrée par un ressort qui mérite description.

La Sauge n'a que deux anthères dont les loges, au lieu d'être rapprochées au sommet du filet, sont situées aux deux extrémités d'une sorte de fléau de balance à bras inégaux ; le bras le plus long, dressé, place la demi-anthère fertile à l'abri du capuchon de la lèvre supérieure ; l'autre loge, stérile, ferme, avec sa voisine, la gorge de la corolle. La trompe de l'insecte, pressant sur ces petits leviers pour atteindre le nectar, fait basculer le fléau de la balance ;

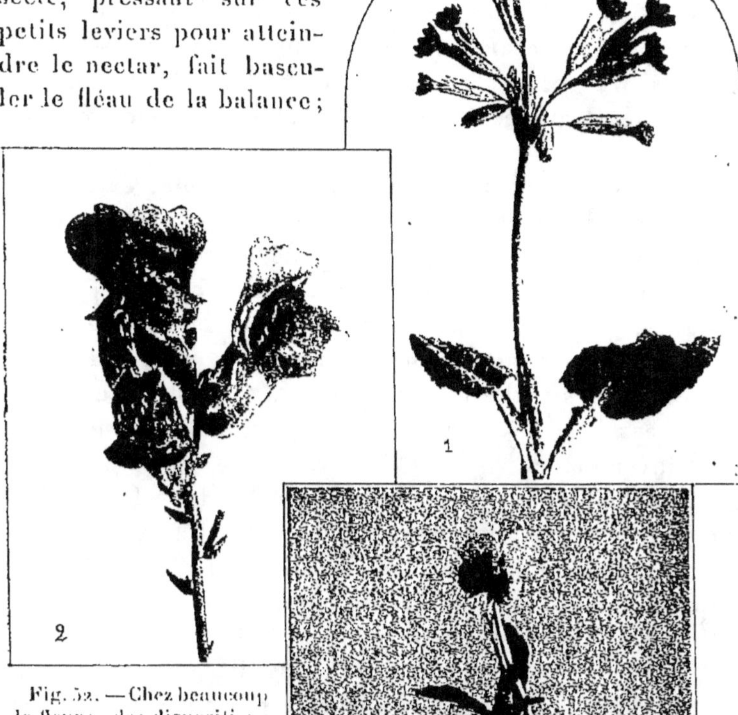

Fig. 52. — Chez beaucoup de fleurs, des dispositions ingénieuses assurent la pollinisation par les insectes. Celles de la Primevère officinale (1), du Muflier majeur (2), de la Pensée sauvage (3) sont dans ce cas.

les loges supérieures s'appliquent sur son dos qu'elles couvrent de pollen.

L'élasticité du petit mécanisme ramène tout dans l'ordre

après le départ du maraudeur, qui va visiter une autre fleur et frôle, en passant, de son dos garni de pollen, le stigmate fourchu qui, lorsqu'il est en pleine maturité, déborde la lèvre supérieure de la corolle.

Chez les Ajoncs (fig. 11) et les Genêts, la corolle est disposée de telle façon que lorsqu'une abeille vient s'y poser, ses cinq pièces s'écartent brusquement avec force, les anthères se redressent et couvrent l'insecte de leur contenu. Chez les Orchidées[1] il existe des adaptations non moins curieuses.

Les Primevères ont des fleurs toutes semblables extérieurement, mais dimorphes en réalité (fig. 52). Les unes ont l'ovaire surmonté d'un long style qui dépasse presque l'orifice de la corolle ; chez les autres, il atteint à peine la moitié du tube. Les premières ont les anthères insérées au-dessous du stigmate, les secondes au-dessus, et on peut s'assurer aisément que les anthères d'une fleur à long style se trouvent placées à la hauteur du stigmate d'une fleur à court style et inversement.

Un papillon, cherchant le nectar au fond de la corolle d'une fleur à long style, chargera de pollen la *partie antérieure* de sa trompe ; visitant ensuite une fleur d'autre forme, il déposera ce pollen sur le stigmate qui occupe la même position que les anthères de la fleur précédente, par rapport à sa trompe ; mais en même temps, il recouvre la *base* de cet organe de la poussière fécondante qu'il transportera bientôt sur le stigmate d'une fleur à long style.

La Pensée (fig. 52) est, par excellence, une fleur à secret. Sa corolle, un peu irrégulière, comprend cinq pétales dont l'inférieur est prolongé en un éperon nectarifère. Cinq étamines à filet très court enserrent l'ovaire qui porte un style tordu surmonté d'une partie renflée qui n'est pas le véritable stigmate, c'est-à-dire la surface gluante sur laquelle doit

____

[1] Voir chapitre XXI : *Les Orchidées.*

germer le pollen. Le stigmate consiste en une petite boîte
creusée dans le renflement du style et communiquant avec
le dehors par un orifice muni d'un clapet. Ce clapet s'ouvre
quand il est poussé de l'extérieur de la fleur vers l'intérieur
et se ferme par le mouvement contraire.

Quand une abeille veut butiner dans l'éperon, elle ouvre
forcément le clapet sur lequel elle dépose le pollen rap-
porté d'un précédent voyage. Après avoir aspiré le miel,
elle se retire en fermant le petit couvercle. La boîte stigma-
tique d'une Pensée ne s'ouvre donc qu'au pollen des fleurs
étrangères.

Le Muflier des jardins (fig. 52) possède une grande corolle
aux deux lèvres hermétiquement closes, dont la teinte générale est rouge violacé, sauf une tache d'un jaune vif posée
sur le milieu de la lèvre inférieure. Les insectes de petite
taille, incapables de rendre aucun service à la fleur, tournent autour de cette enveloppe dont le contenu n'est pas
pour eux. Seuls les bourdons possèdent la clef de la cas-
sette. Ils se posent sur le *point voyant* d'un jaune vif que
porte la lèvre inférieure ; leur poids fait écarter celle-ci et
ces fins gourmets lèchent le nectar non sans se couvrir d'une
poussière jaune qui ne sera pas perdue. Dès qu'un coup
d'ailes les a portés plus loin, la fleur se referme jusqu'à une
prochaine visite.

CHAPITRE XX

LE VENT ET LES PLANTES

Fixée au sol par la dure nécessité de vivre, la plante acquiert, grâce au vent, deux propriétés des animaux : la voix et le mouvement.

Dans le bruit du vent à travers les arbres est une harmonie confuse d'une expression singulière comprise par tous, même par l'enfant.

La voix des plantes.

Les rameaux desséchés qui grincent et craquent sous la bise glacée accroissent l'impression de tristesse des sombres jours d'hiver. Le heurt des branches, le froissement éperdu des feuilles sous les rafales d'une nuit de tempête nous troublent et nous inquiètent. Le bruissement du feuillage sous la caresse d'une brise légère est rempli de charme, nous incite à rêver, nous fait comprendre la douceur de vivre.

Dans ce concert dont l'air est l'exécutant, chaque plante, selon la consistance de ses feuilles, la souplesse de ses rameaux, est un instrument d'une sonorité différente, d'un timbre particulier. Les Conifères, produit fruste, inachevé de la nature s'essayant à son œuvre, présentent une opposition entre leurs branches robustes et leurs feuilles minces comme des aiguilles ; le vent s'y coupe avec des sifflements aigus. Le murmure des Peupliers imite le bouillonnement du ruisseau tout voisin ; le frémissement des herbes, l'agitation des roseaux rappellent le bruit de la mer et font passer dans le sang la fraîcheur imaginaire des eaux.

Les mouvements communiqués par le vent.

Le mouvement, plus que la voix, est l'expression de la vie. Chaque espèce, chaque groupe de plantes a des mouvements d'un caractère différent donnant au paysage son plus grand charme et contribuant à sa variété.

L'immense troupeau des herbes, sous l'action du vent, forme de longues ondulations semblables aux flots de la mer ; la forêt est animée par le balancement des grands arbres dont la haute cime, comme un mât de navire, décrit dans le ciel des portions de cercle. L'If, le Cyprès, rigides, compacts, impénétrables, grands fantômes noirs, ne quittent leur immobilité que sous le poing brutal de la tempête ; le Chêne, le Châtaignier sont des athlètes aux mouvements lourds, mais puissants ; le Hêtre, plus élégant, plus aérien, est aussi plus mobile ; avec son feuillage léger et ses branches fines, le Bouleau est l'image même de la grâce et de la souplesse.

Le mouvement perpétuel est réalisé par le Tremble et les Peupliers, ces arbres à l'air éternellement jeune ; leurs feuilles au pétiole mou se balancent au moindre souffle, ondulent comme des bannières, nous présentent tour à tour leurs deux faces avec des frémissements, des miroitements qui, de la base au sommet, donnent à l'arbre un air de fête et plaisent à la vue. Sous les rafales de la tempête le roseau plie, l'arbre tient bon... ou vient se fracasser sur le sol.

Formes données aux arbres par le vent.

Ceux que le destin a placés dans les lieux aimés des vents, au sommet d'une colline, dans quelque étroit couloir de vallée, au bord de la mer, doivent, sous peine de mort, s'adapter à une condition misérable.

Les « maritimes » surtout sont à plaindre. Le repos leur

est inconnu. La brise qui apporte un air pur aux végétaux
éloignés des rivages, est encore toute chargée de vapeurs

Fig. 53. — Les arbres voisins des côtes semblent fuir l'océan d'où souf-
flent les tempêtes ; leur couronne de maigres feuilles, en tout temps, penche
vers la pleine terre.

salines, saines aux poumons des hommes, mais nuisibles aux
feuilles, ces poumons des arbres.

Aussi sur la route qui longe la côte, ils prennent au cré-
puscule une allure tragique. Pour qui sait voir, leur aspect
incontestable de souffrance émeut (fig. 53).

Ormeaux, Frênes, Platanes, Érables — lamentable armée
en déroute — semblent fuir l'océan d'où leur vient sans
répit ce souffle terrible qui, depuis des années, les secoue
jusqu'aux racines.

14

Leur tronc penche d'un air éploré sa cime vers la pleine terre ; toutes les branches le suivent dans cette fuite éperdue.

Pour lutter contre le vent, l'arbre, comme l'homme, se fait petit, baisse la tête et courbe le dos.

Sur la route, quand luit la pâle lune à travers les nuages et que gronde la mer, toute proche, le passant attardé presse le pas entre ces deux rangées de spectres qui se plaignent sous la bise et semblent se pencher pour le saisir.

Le vent et la forme des feuilles.

Pour certains naturalistes le vent, qui plie les arbres, façonnerait les feuilles. Les prolétaires du monde végétal, pauvres herbes pour lesquelles la moindre taupinière est un abri, ont d'ordinaire des feuilles longues, étroites, parfois découpées à l'extrême. Celles des arbres, que leur position élevée expose aux injures de l'air, ont besoin d'un tissu de soutien qui, pour être puissant, doit peu s'étendre, aussi sont-elles souvent entières ou à peine découpées.

Quand un groupe d'herbes comprend par exception quelques arbustes — toute famille a ses parvenus — on observe souvent cette modification dans la forme. La Carotte a les feuilles très découpées alors que le Buplèvre ligneux, autre Ombellifère, véritable arbuste de 2 mètres de haut, les a entières.

Le vent d'automne hâte la chute des feuilles jaunies, débarrasse l'arbre des branches mortes, membres inutiles et encombrants, fait tomber lourdement sur le sol pommes de pin, glands et châtaignes.

Qui le croirait si des témoins dignes de foi ne l'affirmaient : le vent peut être incendiaire. Un arbre mort, à moitié abattu par lui, frotte contre une grosse branche bien sèche, s'échauffe au contact ; de la fumée se dégage, une flamme luit, l'arbre est en feu et, bientôt, la forêt entière.

Il propage les maladies cryptogamiques en transportant les

spores malfaisantes d'une plante sur l'autre ; quand il souffle pendant plusieurs jours dans une direction constante, on suit, pour ainsi dire à la trace, son œuvre néfaste.

Les services que le vent rend aux plantes.

Il serait injuste cependant de ne parler que des méfaits du vent. Il rend aux plantes des services d'importance. Il transporte au loin les semences, les espaces, les dissémine, condition des plus favorables pour perpétuer l'espèce puisqu'elle évite une concurrence, une lutte pour vivre qui n'est jamais plus acharnée qu'entre individus de mêmes formes, ayant besoins identiques et semblables appétits. Il balance la capsule mûre des Coquelicots, lançant sur le sol, à chaque

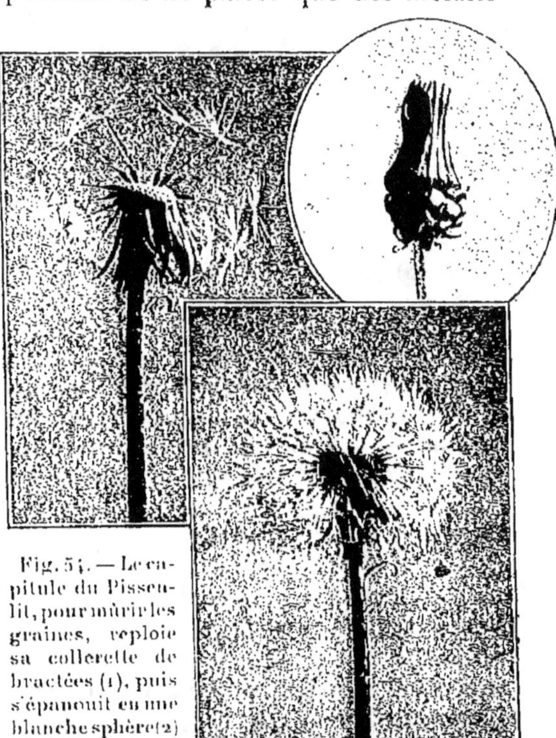

Fig. 54. — Le capitule du Pissenlit, pour mûrir les graines, reploie sa collerette de bractées (1), puis s'épanouit en une blanche sphère (2) dont chaque fruit (3) porte une aigrette légère.

oscillation les minuscules graines. Dans un rapide tourbillon, il entraîne les samares de l'Érable et de l'Orme, les fruits ailés du Charme ou du Tilleul ; il porte au sommet des murailles les graines légères de la Giroflée ou du Muflier et joue des heures durant avec les semences à volants, à aigrettes, à panaches des Bleuets, des Clématites, des Pissenlits (fig. 54) et des Chardons.

A la mi-juin, à Paris, les fruits cotonneux des Peupliers qui bordent la Seine sont promenés ainsi. Leurs blancs filaments, neige soyeuse, caressent le visage des promeneurs, se posent sur leurs vêtements, entrent par les fenêtres, volent d'un meuble à l'autre, au grand désespoir des méticuleuses ménagères qui s'obstinent à les pourchasser. Aussi quelle singulière idée d'avoir planté partout des Peupliers femelles ! A quels édiles peu prévoyants devons-nous cet ombrage ?

Le vent qui dissémine les graines a parfois déterminé leur formation. Agent de fécondation, il transporte le pollen d'une fleur à l'autre ; il sert d'intermédiaire aux cellules qui se cherchent ; il crée la vie.

Les plantes anémophiles ont des fleurs sans couleurs vives, sans parfum, sans nectar ; l'abondance de leur pollen n'est pas une prodigalité ; tant de grains seront perdus qu'aucun stigmate ne retiendra ! Elles s'épanouissent au début du printemps, avant le développement des feuilles qui seraient un obstacle à l'action des grands vents qui règnent alors. Plantes des pays froids ou tempérés, Pins, Chênes, Bouleaux, Hêtres, les anémophiles ont d'ordinaire des fleurs unisexuées.

Autant ces fleurs offrent leur pollen aux caresses du vent, autant la plupart des autres apportent de soin à l'y soustraire. Celles des Papillonacées, posées sur des queues courbées et très flexibles, ont de grands étendards sur lesquels le vent a prise et abritent leurs étamines dans une nacelle close. Quand le vent souffle sur un champ de pois, toutes les fleurs lui tournent le dos comme autant de girouettes.

Chez les animaux le vent accroît la respiration, accélère les échanges nutritifs ; chez les végétaux il active la transpiration.

Le vent et le venin de l'Ortie.

Il peut priver momentanément les fleurs de leur parfum, évaporer le venin des glandes, désarmer la plus redoutable de toutes les herbes : l'Ortie (fig. 43).

En février 1874, à Collioure, un vent violent qui dura vingt-quatre heures fit tomber par milliers les oranges et, beaucoup, au milieu de vigoureuses Orties grièches. Avec une appréhension bien légitime, les travailleurs, le lendemain, commencèrent à ramasser les fruits d'or dans ces peu agréables plates-bandes. Leur surprise fut grande en constatant qu'ils pouvaient manier impunément ces plantes qui, la veille encore, produisaient d'intolérables piqûres.

Le botaniste Naudin auquel le fait fut signalé remarqua qu'il fallut une semaine aux Orties pour reprendre leurs habituelles propriétés. Sans doute, le venin de l'Ortie grièche est un peu volatil. Dans un air calme il s'évapore lentement à travers l'épiderme des poils et une nouvelle quantité de liquide le remplace à mesure. Au grand vent, l'exhalation devient si active qu'elle amène, pour quelques jours, l'épuisement de la réserve.

CHAPITRE XXI

UNE FAMILLE DE PLANTES :
LES ORCHIDÉES

Un même mode d'existence, d'identiques conditions de milieu établissent entre plantes, cependant fort dissemblables par une foule de caractères, de grandes analogies. Le parasitisme, l'épiphytisme, la vie grimpante, la vie dans l'eau ou dans les lieux secs marquent leurs adeptes de traits spéciaux ; leurs formes, leur organisation s'en ressentent. N'en est-il pas ainsi chez les hommes ? Les mêmes occupations, de communes habitudes ne déterminent-elles pas dans la tenue, la démarche, l'allure, des signes caractéristiques qui constituent le type professionnel, aisément reconnaissable ?

Mais ressemblance corporative n'est pas parenté. Celle-ci, chez les plantes, résulte de la similitude des parties de la reproduction, similitude qui entraîne presque toujours celle des organes végétatifs et, dans le mode d'existence, des analogies que les conditions de milieu, seules, parviennent à modifier.

L'étude d'une famille de plantes va nous montrer ce qu'est la parenté végétale. Aucune ne le montre mieux et d'une façon plus agréable que celle des Orchidées.

Nous ne nous occuperons, à notre ordinaire, que de celles qui fleurissent nos prés et nos bois. Ce sont de charmantes plantes qui ne tirent pas violemment l'œil, comme leurs sœurs exotiques ; leurs couleurs sont moins vives et leurs fleurs moins larges, mais, construites absolument sur le même modèle, elles ont tout autant d'imprévu, avec peut-être plus de grâce et de fraîcheur.

Alors que les Orchidées des pays chauds sont pour la plupart *épiphytes*, c'est-à-dire vivent sur des branches d'arbre auxquelles elles n'empruntent rien, se contentant des gaz et de la vapeur d'eau qu'elles absorbent par leurs racines aériennes, toutes les Orchidées de nos climats tempérés plongent leurs racines dans la terre nourricière. La ressemblance est grande entre toutes, mais on la trouve plus frappante encore quand on pénètre dans les détails de leur organisation.

Un pétale fantaisiste : le labelle.

Une seule tige droite qu'entoure à sa base une rosette de feuilles luisantes à fines nervures parallèles, ou que garnissent des feuilles alternant de chaque côté, porte la grappe plus ou moins serrée des fleurs. Chacune de celles-ci comprend six pièces : trois sépales dont un dressé, deux pétales latéraux et un troisième pendant, le *labelle*. Ce dernier, par les innombrables variations de sa couleur, de sa forme, de ses découpures et de ses ornements, donne à chaque espèce d'Orchidée son allure spéciale.

Dans certains genres il constitue, pour ainsi dire à lui seul, toute la fleur, tellement il annihile les autres parties. Tantôt il se découpe de façon étrange, figurant des êtres bizarres, des animaux fantastiques, tantôt il s'allonge en une longue banderolle que fait flotter le vent. Parfois encore, il s'enroule, formant un minuscule gobelet ou une mignonne pantoufle comme celle des Cypripèdes ou *Sabots-de-Vénus*.

Chez les Orchis, il se termine par un éperon et présente des découpures plus ou moins larges et profondes rappelant souvent les bras et les jambes d'un pantin.

Chez les Ophrys, moins découpé, mais plus somptueux, il est épais, velouté, diversement tacheté.

Description d'une Orchidée : l'Orchis mâle.

Les Orchidées indigènes sont des fleurs du début de l'été.

Il faut profiter d'une belle journée de juin pour en commencer la récolte. Nous trouverons dans les prés, dans les clairières des bois où elle est en fleurs depuis la fin d'avril, une plante qui nous permettra d'acqué-

Fig. 55. — Trois de nos Orchidées indigènes : l'Acéras homme-pendu (1) dont le labelle imite les bras et les jambes d'un pantin, le Loroglosse à odeur de bouc (2) aux longues lanières ondulées et la Listère ovale (3) commune dans les bois en été.

rir quelques notions indispensables sur l'organisation des Orchidées : c'est l'Orchis mâle, la *Pentecôte* des habitants du sud-ouest. Sa tige qui atteint souvent cinquante centimètres de hauteur, porte à sa base de larges feuilles vertes, qui deviennent de plus en plus petites à mesure qu'elles se rapprochent des fleurs. Celles-ci forment une longue grappe très serrée.

Chaque fleur est composée de six pièces : trois sépales dont un dressé, deux pétales latéraux et le labelle qui pend à la façon d'un tablier. Ce pétale remarquable porte à sa base un large éperon horizontal ; il est large, velouté, marqué de taches d'un pourpre foncé et partagé en trois lobes courts, dont le médian est échancré.

Mais ce n'est que le périanthe ; pour découvrir les organes essentiels, placez devant votre œil une loupe et regardez la partie inférieure du sépale dressé, vous apercevrez un petit corps renflé, c'est *l'anthère*. Il n'y en a qu'une, divisée en deux loges, dont

Fig. 56. — L'Orchis tacheté doit son nom aux taches violacées de ses feuilles. Ses fleurs forment une jolie grappe rose.

chacune, au lieu de contenir un pollen pulvérulent, possède une petite boule de pollen aggloméré ou *pollinie* qu'elle laisse sortir à sa maturité par une fente longitudinale. Chaque pollinie est au sommet d'une tige grêle terminée à sa partie inférieure par un disque visqueux. Les deux disques plongent dans une sorte de petite nacelle ou *rostellum*, remplie de liquide.

Au-dessous de la nacelle et symétriquement sont deux

papilles légèrement visqueuses ou *stigmates* destinées, comme dans toutes les fleurs, à recueillir le pollen et à assurer sa germination.

Cette description un peu longue est indispensable ; elle nous permettra, dans quelques instants, de comprendre les merveilleux mécanismes imaginés par la nature pour assurer la fécondation de ces fleurs.

Au-dessous des sépales est un pédoncule contourné qui rattache la fleur à la tige. Ce prétendu pédoncule est creux et presque entièrement rempli de petits corps arrondis, les ovules. C'est l'*ovaire* qui s'est tordu sur lui-même pendant son développement, de telle sorte que la fleur se présente à nous renversée.

Les Orchidées ne peuvent décidément rien faire comme les autres plantes. Ce n'est pas assez d'avoir un pétale démesuré qui altère leur symétrie, une étamine au lieu de trois, comme leurs plus proches parentes, et un pollen en poire, il faut encore que leurs fleurs se présentent à nous la tête en bas.

Après la fécondation, ce curieux ovaire se transforme en une capsule allongée qui, au moindre vent, s'ouvre par par trois valves (fig. 20), lançant au loin, comme une fumée, ses graines minuscules. Savez-vous combien un des fruits de l'Orchis mâle peut contenir de graines ? Un patient botaniste, ami de la statistique, a pris la peine de les compter ; il en a trouvé 6 000. Achevons son œuvre ; nous comptons, sans trop de fatigue, 40 fleurs dans une grappe. Une simple multiplication nous permet d'établir que la plante entière portera 240 000 graines, à quelques milliers près.

Les parties souterraines des Orchidées.

Pour terminer cette description de l'Orchis mâle, il ne nous reste plus qu'à parler de ses parties souterraines. Il est inutile d'essayer d'arracher la plante, car la tige se bri-

serait infailliblement entre nos mains ; il faut la déterrer
avec beaucoup de précautions en creusant tout autour avec
un grand et solide couteau. A environ 3o centimètres de

Fig. 57. — L'Orchis pourpre, dès la fin de mai, dresse dans les bois
sa grappe de fleurs délicatement mouchetées.

profondeur, nous rencontrons quelques menues racines au-
dessous desquelles sont disposés deux tubercules ; l'un,
blanc grisâtre, plein, gorgé de nourriture ; l'autre vide,
ridé et noir (fig. 5g). Ce dernier a employé les réserves

qu'il contenait à former les tiges et les fleurs actuelles ; il achèvera de se détruire pendant l'hiver. L'autre est le résultat des économies réalisées par la plante pendant la belle saison ; il passera l'hiver sous le sol, à l'abri des gelées, seul survivant de tous les organes, seul espoir de la plante. De lentes transformations de matières s'y accomplissent ; un bourgeon se forme à son sommet qui, au printemps, percera la terre.

On a cru pendant longtemps que le développement successif de ces pseudo-bulbes avait lieu toujours du même côté et l'on admettait, comme conséquence, que les Orchidées à tubercules se déplacent lentement d'année en année. « Les deux bulbes, dit Alphonse Karr, dans ses *Promenades autour de mon jardin*, étant distants de quelques lignes, quand le vieux se desséchera tout à fait et qu'un nouveau bulbe aura crû à côté de l'autre, la plante se sera déplacée de l'espace qui est, cette année, entre ces deux bulbes, c'est-à-dire à peu près six lignes. » Ce qui fait qu'il ne lui faudrait pas plus de 10 000 ans pour faire 120 mètres !

En réalité, les Orchidées à tubercules ne sont pas vagabondes, même dans ces faibles limites. Le nouveau tubercule ne se forme pas, en effet, toujours du même côté, mais tantôt d'un côté, tantôt de l'autre, de sorte que ces plantes, comme la plupart des autres, restent indéfiniment à la place où le hasard fit germer leur graine.

Ces tubercules sont formés par la réunion de racines adventives épaisses. Si cette réunion est complète, ils sont arrondis ; dans le cas contraire, ils sont digités et ressemblent de curieuse façon à deux mains dont l'une est blanche et grasse, l'autre noire et ridée ; la main du diable et la main de Dieu, disent les paysans. Dans d'autres espèces, les racines, charnues et gonflées, ne se soudent pas en tubercule et restent isolées dans le sol.

La fécondation chez les Orchidées.

Darwin, qui a fait une admirable étude de la fécondation chez les Orchidées, a montré que les insectes, en venant butiner le nectar de leurs fleurs, emportent souvent sur leur tête ou sur leur trompe, comme une sorte de plumet, la masse pollinique mûre. En route, le pédicelle de la pollinie se contracte, s'abaisse, et, quand l'insecte visite une nouvelle fleur, les chances sont grandes pour qu'en l'étroit réduit où il plonge sa tête, le stigmate effleuré retienne par sa viscosité l'aigrette pollinique.

Ainsi, *d'un seul coup*, se trouveront fécondés un grand nombre d'ovules.

Sans insectes, la fécondation n'a pas lieu ; c'est pourquoi la floraison de certaines Orchidées exotiques dans les serres se prolonge parfois pendant plus de trois mois, c'est-à-dire beaucoup plus longtemps que dans leur pays d'origine, où elles se flétrissent peu après la fécondation.

Les insectes jouent donc un grand rôle dans la vie des Orchidées. Darwin admet que tout dans leurs fleurs, même le labelle qui sert à la fois d'enseigne et de plate-forme, s'est disposé, grâce à la sélection naturelle, en vue d'utiliser les visites des insectes pour la fécondation.

L'*Orchis mâle* est fréquemment visité par une petite mouche, l'*Empis livide*, qu'attire le liquide sucré contenu entre les deux parois dont est formé l'éperon. Cette gourmande se pose sur le labelle et arrive devant les organes de la fécondation. Penchant la tête au-dessus de l'éperon, elle enfonce sa trompe jusqu'au nectar et commence son repas à cette table toujours servie. Mais en se retirant elle heurte facilement l'anthère et l'une des *pollinies* se colle sur sa tête.

L'insecte s'éloigne, emportant comme souvenir de ses copieuses libations un élégant plumet. Il vole vers d'autres fleurs et recommence le même manège, mais, dans l'intervalle, grâce à un remarquable pouvoir de contraction possédé par le disque visqueux, son plumet s'est incliné, il est maintenant presque horizontal et quand l'insecte plongera de nouveau sa trompe dans l'éperon d'une autre fleur, l'extrémité du plumet en viendra toucher le stigmate, sur lequel une petite partie du pollen se déposera.

Ainsi le pollen d'une fleur d'Orchis mâle est nécessairement transporté sur le stigmate d'une autre fleur. Les dimensions de la fleur et celles de l'insecte, la disposition de leurs organes, tout semble combiné pour assurer la fécondation croisée.

Les principales espèces d'Orchidées indigènes.

Mais nous n'avons jusqu'ici fait la connaissance que d'une seule espèce : l'Orchis mâle. Dans la prairie même où on le trouve, nous ne pouvons manquer de rencontrer l'Orchis des montagnes (fig. 59).

Le voici, avec ses fleurs blanches inodores munies d'un très long éperon fréquemment renflé à son extrémité.

Poursuivant notre promenade, dirigeons-nous maintenant vers le bois. Il nous faut, au préalable, traverser une prairie basse, humide, tapissée de plantes à fleurs roses ou blanches, dont les larges feuilles sont parsemées de taches violettes, c'est l'Orchis tacheté (fig. 56), la plus commune, peut-être, de nos Orchidées indigènes. L'Orchis moucheron (fig. 59) se trouve dans les mêmes lieux et présente aussi des tubercules digités.

A peine entrés dans le bois, nous rencontrons à chaque pas une plante de pauvre apparence dont la tige, élevée de cinquante centimètres, porte, à mi-hauteur, deux grandes feuilles opposées ovales, sur lesquelles courent des nervures saillantes ; elle se termine par une grappe lâche de petites fleurs verdâtres. Leur long labelle fendu et pendant comme

un tablier, nous fait reconnaître cette plante pour une
Orchidée, c'est la Listère à feuilles ovales (fig. 55) ; elle
diffère des Orchis jusqu'ici ren-
contrés par un assez grand nombre de caractères : sa fleur est

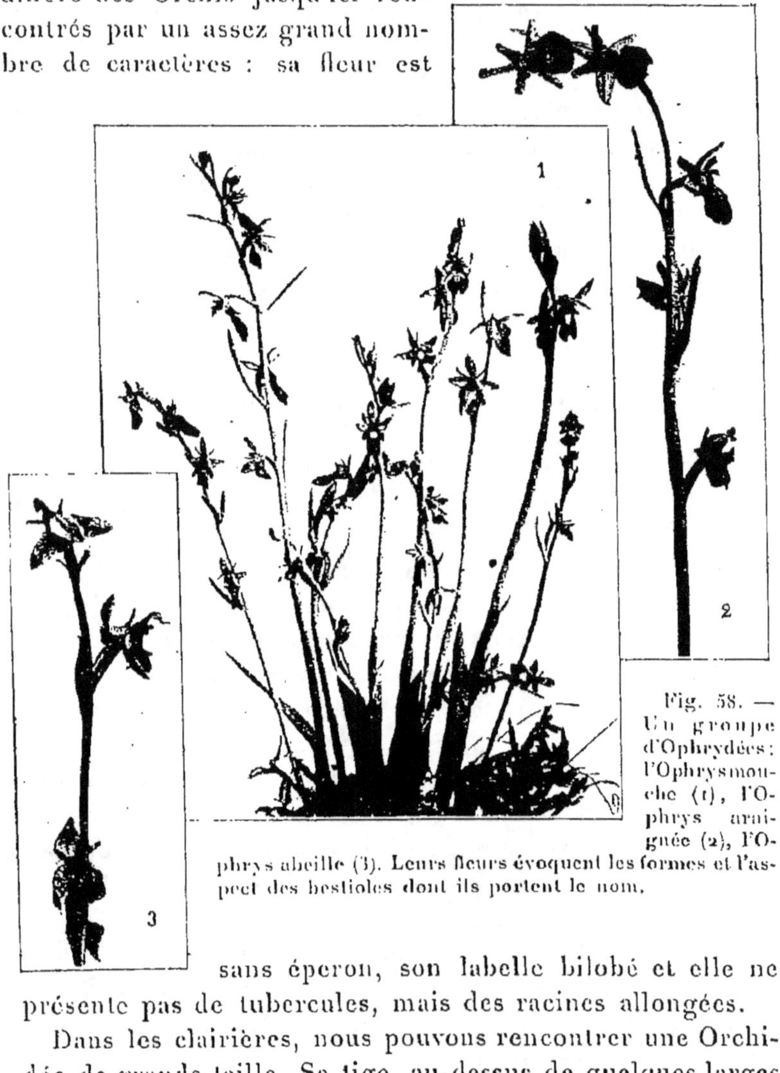

Fig. 58. —
Un groupe
d'Ophrydées :
l'Ophrys mou-
che (1), l'O-
phrys arai-
gnée (2), l'O-
phrys abeille (3). Leurs fleurs évoquent les formes et l'aspect des bestioles dont ils portent le nom.

sans éperon, son labelle bilobé et elle ne
présente pas de tubercules, mais des racines allongées.

Dans les clairières, nous pouvons rencontrer une Orchidée de grande taille. Sa tige, au-dessus de quelques larges
feuilles engainantes, est presque entièrement couverte de

fleurs jaunâtres, striées de pourpre. Leur labelle, d'une fraîche teinte rosée, est partagé en trois lanières, dont la moyenne, cinq fois plus longue que les autres, est spiralée dans les jeunes fleurs, ondulée au bas de la grappe. Tous ces longs rubans se mêlent, s'entrelacent, formant un ensemble d'une confusion extraordinaire. On dirait un mât dressé pour une fête et couvert d'oriflammes qui confondent leurs plis au souffle de la brise. Nous ne saurions résister au plaisir de faire figurer dans notre bouquet cette petite merveille. Ne nous hâtons pas trop cependant; approchons-nous et flairons doucement; une affreuse odeur de bouc se dégage de ces fleurs charmantes. Allez donc après cela vous fier aux apparences. Continuons notre route sans plus tarder et laissons là le Loroglosse à odeur de bouc (fig. 55) afin que les promeneurs qui nous suivront puissent, comme nous, apprécier tout son parfum.

A peine avons-nous fait quelques pas qu'un objet des plus bizarres s'offre à nous. C'est une petite potence de trente centimètres de hauteur à laquelle sont pendus des bonshommes grotesques, pareils à ceux que l'on découpe dans du papier pour amuser les enfants. Ils sont si rapprochés que les pieds des uns descendent jusque sur le visage des autres. C'est encore ce farceur de labelle qui nous joue de ses tours; il s'est découpé en quatre lanières dont les deux médianes, plus longues, figurent les jambes d'un homme et les deux autres, les bras; la tête est représentée avec plus ou moins d'exactitude par le reste de la fleur !

Ce curieux Acéras homme-pendu (fig. 55), comme on l'appelle, présente des tubercules arrondis comme ceux des premiers Orchis que nous avons rencontrés; ses feuilles qui entourent la base de la tige sont lancéolées; ses fleurs sont d'un vert jaunâtre avec des raies brunes. La plante, dépourvue d'odeur, en acquiert une très agréable par la dessiccation. Nous pouvons donc l'emporter sans crainte, les petits pantins serviront à parfumer le linge dans l'armoire.

Mais voyez donc cette autre plante couverte de gros bourdons veloutés que notre approche n'a pas l'air d'effrayer beaucoup. Notre étonnement est grand en reconnaissant que ce sont les fleurs elles-mêmes que nous prenions pour des insectes. Nous sommes en présence de l'Ophrys abeille (fig. 58), une de nos plus charmantes plantes rustiques ; elle n'a rien à envier comme éclat, comme étrangeté aux Orchidées des tropiques. Comme vous pouvez le penser, c'est encore le labelle, ce pétale protée, qui est cause de cette illusion. Il est épais, velouté, tacheté très régulièrement de brun foncé et de vert jaunâtre ; il forme l'abdomen de l'insecte ; les deux autres pétales et les sépales latéraux, qui sont rosés, représentent les ailes, tandis que les organes essentiel, stigmate et anthère, figurent la tête et le thorax.

Si nous regardons la fleur de côté nous éprouvons une nouvelle surprise ; l'anthère, légèrement recourbée, fait saillie au-dessus du labelle, semblable à un petit oiseau dressé sur le bord de son nid.

Les Ophrys diffèrent des Orchis par leur ovaire non contourné, leur labelle épais et l'absence d'éperon. Leurs tubercules arrondis sont à peine enfoncés de 4 à 5 centimètres dans le sol ; leurs fleurs sont peu nombreuses.

On rencontre, et plus fréquemment, l'Ophrys araignée (fig. 58), l'Ophrys frelon et surtout l'Ophrys mouche (fig. 58), au labelle velouté noirâtre marqué en son centre d'une tache quadrangulaire d'un gris bleuâtre.

Il existe encore, en France, quelques autres espèces : le Céphalanthère à grandes fleurs qu'on trouve, çà et là, dans les bois, ne porte pas de tubercules mais des racines allongées ; l'Épipactis à larges feuilles, commun sur les coteaux, dans les bois, dans les prés, où il fleurit de juin en septembre, est également dépourvu de tubercules.

Sur les 35 espèces d'Orchidées qu'on trouve dans la région de Paris, 33 sont en fleurs au mois de juin ;

2 espèces seulement sont plus tardives : le Spiranthe d'été qui fleurit de juillet en août dans les prés humides, et le Spiranthe d'automne qui n'ouvre ses fleurs que d'août en octobre sur les coteaux. Leurs fleurs blanches, petites, forment un épi contourné en spirale.

Les Orchidées saprophytes.

Un petit groupe d'Orchidées qui doit être mis à part en raison de son genre de vie est celui des Orchidées *saprophytes* ; il comprend la Néottie nid d'oiseau (fig. 37) et le Limodorum à feuilles avortées (fig. 37), plantes décolorées mais non parasites, car elles vivent aux dépens des principes de l'humus. Leurs racines sont courtes, entremêlées comme les fétus et les brindilles qui forment un nid d'oiseau. Ces étranges racines sont dépourvues de poils absorbants, mais le microscope y montre toujours la présence de filaments incolores appartenant à un champignon qui, sans doute, transmet à la plante supérieure les aliments qu'il a puisés dans les matières en décomposition.

Mais, même chez les Orchidées à chlorophylle, c'est-à-dire chez le plus grand nombre, on trouve des *mycorhizes*. L'envahissement des organes souterrains de ces plantes par les champignons endophytes commence de bonne heure : dès la germination.

Rôle des champignons microscopiques dans la germination des Orchidées.

Les graines des Orchidées sont extrêmement nombreuses, mais fort petites ; on les a comparées, non sans raison, à de la fine sciure de bois ; elles n'ont pas d'albumen et leur embryon est atrophié. M. Noël Bernard a montré de la façon la plus probante que ces graines ne germent que dans un terrain renfermant les champignons microscopiques et seulement lorsque ces derniers ont envahi leurs cellules.

Ce fait explique pourquoi il est si difficile d'obtenir les Orchidées par semis ; les horticulteurs réussissaient parfois, mais plus souvent un échec, sans sa- l'autre cas, les cau- encore éprouvaient voir, dans l'un et ses du résultat ob-

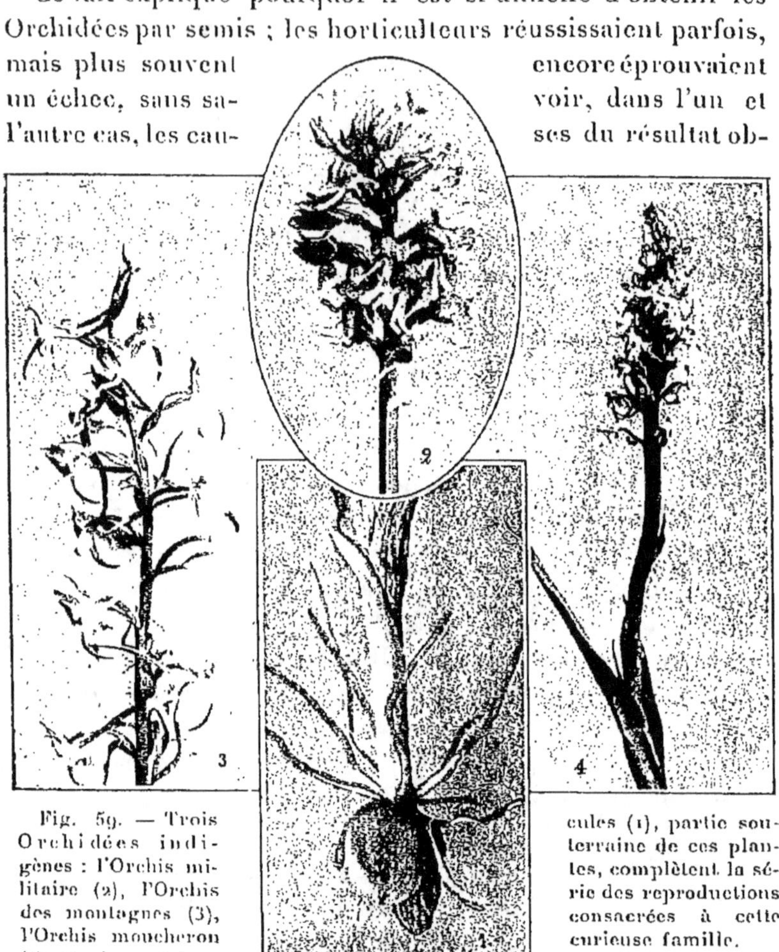

Fig. 59. — Trois Orchidées indigènes : l'Orchis militaire (2), l'Orchis des montagnes (3), l'Orchis moucheron (4) et deux tuber- cules (1), partie souterraine de ces plantes, complètent la série des reproductions consacrées à cette curieuse famille.

tenu ; philosophiquement ils se contentaient de dire que la germination des Orchidées est fort capricieuse. Nous savons aujourd'hui la raison de ces caprices ; la graine ne germe que dans un milieu infesté par certains champignons microsco- piques.

Les Orchidées, si remarquables par la beauté et l'étrangeté de leurs fleurs, ne le sont pas moins par leur genre de vie. Ce sont, en quelque sorte, des plantes incomplètes. Pour vivre, il leur faut le concours d'êtres fort différents : les insectes, agents essentiels de leur fécondation ; les champignons endophytes, nécessaires à la germination de leurs graines minuscules et au fonctionnement de leurs racines.

On pourrait presque dire que ces plantes étranges sont le produit de ces deux groupes d'êtres. A l'action des insectes seraient dues les formes curieuses de leurs fleurs, l'agrégation de leur pollen, la multiplicité des ovules, tandis que les Cryptogames auraient amené la déformation des racines, la tuberculisation des parties souterraines, l'atrophie de l'embryon.

M. Costantin est d'avis que toutes les particularités présentées par les Orchidées en font des plantes originairement saprophytes qui, dans les régions tropicales, en raison de la légèreté de leurs graines, des conditions favorables du milieu, seraient devenues épiphytes et auraient, à la lumière, recouvré leur chlorophylle. Celles des régions tempérées auraient, en s'installant pour la plupart dans les prairies grasses et découvertes et dans les clairières des bois, pris également de la chlorophylle.

Quelques-unes, comme la Néottie et le Limodorum, qui continuent à affectionner les régions obscures des forêts et qui, dépourvues de matière verte, sont saprophytes, seraient là pour nous montrer le type primitif de cette singulière famille.

CHAPITRE XXII

LES FOUGÈRES

Les Fougères sont la grâce même. Avec un seul organe, la feuille, une seule couleur, le vert, elles réalisent ces miracles d'être variées à l'infini dans leur port, dans leurs contours, dans leurs nuances et d'être toujours fraîches, toujours légères et délicates, charmant poème de verdure ! Toutes sont belles et je les aime toutes : celles qui se dressent isolées dans les parties ombreuses des bois humides, celles qui pendent au bord des puits ou sous le pont aux pierres disjointes dans une demi-obscurité où l'œil à peine les devine, celles qui parent les rocs chauves ou les écorces rembrunies d'une précieuse dentelle, et les petites qui se cachent aux creux des vieilles murailles, et les géantes dont l'armée nombreuse gravit les pentes des vieilles forêts.

Dans les Phanérogames, la tige, par son aspect, par sa ramification, contribue à la beauté de la plante ; chez les Fougères de nos pays, la tige est souterraine comme les racines ; tout le végétal n'est extérieurement formé que par les feuilles, parfois même par une seule feuille. Grâce à leur rhizome et aux réserves qu'elles y accumulent, les Fougères sont maîtresses du sol parfois bien maigre qu'elles occupent ; elles sont vivaces.

Sous la terre, dans le bourgeon, recourbée en une crosse d'un dessin très pur (fig. 6), la jeune feuille attend le moment d'apparaître au jour ; elle s'y déroule lentement, exposant à l'air ses tissus tendres, chargés d'eau, qu'une pression trop vive, un choc un peu rude, un soleil trop ardent suffisent à faner. La plupart de nos Fougères redoutent, en effet, la lumière trop crue ; elles sont ombrophiles.

Fougères des bois

La plus connue de nos Fougères, la plus abondante, est

Fig. 60. — La Fougère à l'aigle, de nos bois la plus commune ; ses feuilles découpées atteignent parfois deux mètres de haut.

la *Fougère à l'aigle* qui se plaît dans les terrains sableux des bois où croissent aussi les Bruyères. La crosse de son unique feuille montre son dos rond au début de mai, grandit vite en se déroulant peu à peu et devient une feuille qui peut atteindre jusqu'à deux mètres.

C'est une étrange forêt que cette forêt d'herbes géantes qui, au lieu de se dresser franchement vers le ciel, sont, avec l'apparence de grandes ailes d'oiseaux, toutes également inclinées. Ne faut-il pas que toute leur surface profite de la lumière atténuée qui leur plaît ? Parfois, pourtant, par quelque fissure des feuillages voisins le soleil qui se glisse, sur leur brillant épiderme, a des reflets comme sur les vagues de la mer. Perdu dans cet océan de verdure, on éprouve, au cœur de l'été, une impression délicieuse de fraîcheur quand les folioles découpées caressent le visage (fig. 60). La fougeraie est un monde de géants, mais de géants fragiles que le coup de badine d'un enfant fauche, comme un jeune arbre la cognée du bûcheron. Toute traversée est un massacre, tout geste du promeneur est meurtrier et, en se retournant, on voit, lamentables cadavres, bien des grandes feuilles qui pendent sur leur pétiole et qui demain seront flétries.

Si, par une section nette, on coupe près du sol le pétiole général de cette feuille, dans sa partie brune, on observe que les vaisseaux du bois, par leur ensemble, figurent l'aigle double des armoiries, ce qui justifie le nom de Fougère à l'aigle ou Fougère impériale. Si l'on déterre la plante, on voit la tige souterraine qui rampe profondément, portant à sa face inférieure de nombreuses racines, à sa partie supérieure les pétioles à moitié pourris des feuilles anciennes et trois à quatre crosses, futures feuilles, à l'abri des gelées et des catastrophes dans les profondeurs du sol et qui, l'une après l'autre, verront le jour.

Les exemples d'une croissance aussi lente des feuilles sont fort rares ; la plus petite des crosses ne s'épanouit, en effet, à l'air que dans quatre ans.

Les Polystics de nos bois, plus petits que la Fougère à

l'aigle, ont des feuilles plus délicates, plus finement découpées et formant de grandes touffes. Sans être rares, elles
n'envahissent jamais une portion du sol de façon à la
recouvrir entièrement et à en chasser toute autre végétation.

Fougères des murs.

Le Polypode, une des espèces les plus répandues, con-
serve ses feuilles même au plus fort de l'hiver. Peu
exigeante pour sa nourriture, résistant aux plus fortes
gelées, toutes les stations lui conviennent ; on la voit égayer
de sa verdure le sol des forêts, les écorces des arbres, les
rochers les plus stériles, les murailles et les toits de chaume
(fig. 11 et 61).

La Scolopendre, qui aime les murs humides, l'ombre et la
fraîcheur des puits, a des feuilles larges sans aucune décou-
pure, jolies quand même, tant est précieuse la matière verte
et luisante qui les forme et tant sont fines les stries qu'elle
porte (fig. 61).

Les espèces nombreuses qui se plaisent accrochées aux
flancs des murailles sont délicates et menues : c'est la Capillaire aux longues feuilles divisées en folioles arrondies, luisant, gentiment suspendues à droite et à gauche à un pétiole
d'un brun noir, fin comme un cheveu ; c'est la Rue-de-
muraille, découpée comme une dentelle (fig. 61) ; ce sont le
Cétérach officinal ou Herbe à dorer (fig. 31) et, dans le midi
de la France, l'élégant Cheveu-de-Vénus dont la délicatesse
défie toute description.

La vie sur les murs ne va pas sans quelques inconvénients
dont le principal est la rareté de l'eau. Il est des plantes
plus élevées en organisation, comme les Sédums et les Joubarbes, qui savent, pour les jours de sécheresse, mettre en
réserve dans leurs feuilles épaisses l'eau des jours pluvieux.
Les Fougères des murailles n'ont pas de ces précautions,

mais elles possèdent, — du moins deux d'entre elles, — le Cétérach officinal et la Rue-de-muraille, la curieuse propriété de réviviscence qui en fait les rotifères et les tardigrades du règne végétal.

Après une longue sécheresse, leurs feuilles roussâtres, recroquevillées, semblent perdues ; quelques heures de pluie leur rendent la fraîcheur et la vie. Cette faculté peut même être poussée

Fig. 61. — Les Fougères, toujours légères et délicates, sont variées à l'infini. Le Polypode (1) affectionne la terre amassée au creux des troncs d'arbre ; la Scolopendre (2), les parois des puits ; l'Asplenium rue-de-muraille (3), les pierres des vieux murs.

jusqu'à l'invraisemblance. Le Dr Daubeny, d'Oxford, cite le cas d'un pied de Cétérach officinal qui, conservé pendant deux ans dans un herbier, donna de nouvelles pousses quand on le mit en terre. Cette *veille* et ce *sommeil hygrométriques* constituent une précieuse adaptation à la vie sur les murs.

Comment les Fougères se reproduisent.

Les Fougères ont des corps reproducteurs peu apparents groupés à la face inférieure des feuilles, tournés, par suite, vers la terre, à l'abri de la pluie. Ce sont des amas de sporanges, qui y forment des taches brunes ou couleur de rouille (fig. 11) symétriquement placées, rondes, ovales ou linéaires. Ici, rien de comparable aux splendeurs florales des Phanérogames ; les Fougères n'ont ni les teintes vives, ni les parures voyantes et compliquées des périanthes, ni leurs parfums suaves et leurs glandes sucrées, enseignes et appâts pour insectes ; le vent, dans l'une des phases de leur existence, quelques gouttes d'eau dans la seconde, suffisent à leur dissémination. Leurs corps reproducteurs n'en présentent pas moins des dispositions charmantes, à combler de joie un décorateur, mais qui ne se peuvent voir qu'en multipliant par des lentilles la puissance de notre œil imparfait.

Ces sporanges, protégées souvent par une membrane, sont des sortes de petits sacs qui s'ouvrent par la sécheresse et projettent la fine poussière des spores que le vent entraîne.

Le botaniste Lindley évalue à 18 millions le nombre des spores que peut donner une fronde de scolopendre, ce qui, à raison de 5 à 6 frondes par pied, donne, en une saison, 100 millions de spores. Voilà une nombreuse famille.

Heureusement, la plupart des spores périssent faute de conditions favorables.

Que pensez-vous que vont donner celles qui germent ?

— La belle question ! dira-t-on…, Est-ce qu'une graine de Navet ne donne pas un Navet ? Une spore de Fougère donnera une Fougère.

— Sans doute, mais pas tout de suite. Elle se transforme d'abord en une petite lame verte à forme de cœur, un *prothalle,* véritable plante autonome qui se nourrit par ses propres moyens, puisant les matériaux du sol par des filaments qui servent de racines, utilisant ceux de l'air à l'aide de sa chlorophylle.

Quand sa croissance est terminée, ce qui ne tarde guère, car le prothalle dépasse rarement un centimètre carré de surface, on voit apparaître à sa face inférieure les organes de la reproduction sexuée : *archégones*, petites bouteilles dont chacune contient la cellule femelle ; *anthéridies*, qui laissent échapper de minuscules filaments enroulés en tire-bouchon et munis de cils vibratiles, hélice qui leur permet de nager dans l'océan d'une goutte de rosée ; à force de nager il en est qui parviennent au but du voyage, rencontrent la cellule incluse en l'archégone et s'y fusionnent pour former l'œuf. Celui-ci, complètement dépourvu de réserves, sans période de vie ralentie se développe sur le prothalle et à ses dépens et donne une nouvelle Fougère feuillée semblable à celle qui portait les spores et qui en portera à son tour.

Monde étrange vraiment que celui-là, où la fille ne ressemble jamais à sa mère et toujours à sa grand'mère !

CHAPITRE XXIII

LES CHAMPIGNONS

En septembre la moisson des fleurs est finie : les brillants périanthes sont flétris, les feuilles jaunissent avant la décomposition finale, les ovaires gonflés, abrités dans les fruits, portent en leurs flancs les graines, espérance des lointains printemps. La vie semble s'éteindre pour de longs mois. C'est alors que dans la terre, encore chaude des ardeurs de l'été, s'infiltrent les pluies de l'automne et, comme d'un coup frappé par une baguette magique, de cette tiédeur humide jaillit en quelques jours l'innombrable armée des Champignons.

Sous l'ombre épaisse des bois, dans les taillis parmi la mousse, au bord des routes, croissent leurs bataillons serrés ; ils envahissent les clairières, les pâturages, les bruyères, les marais, grimpent à l'assaut des arbres languissants ou morts, couvrent les vieilles souches à fleur de terre, garnissent les branches, les brindilles tombées, les feuilles pourrissantes ; d'autres, sur les matières les plus abjectes, le fumier, les crottins, les bouses, dressent gravement leurs formes rigides et parent l'ordure, dont ils vivent, du charme de leurs nuances et de l'élégance de leurs contours.

Jusqu'aux premières gelées ils se succèdent sans répit, mais l'hiver ne laisse subsister que quelques espèces lignatiles ; les pluies du printemps amènent une nouvelle invasion, moins importante, à laquelle mettent un terme les ardeurs du soleil de juin. Sécheresse et lumière vive leur sont absolument antipathiques ; aussi leurs germes, leurs organes végétatifs, en attendant des jours meilleurs, restent au repos dans la terre ou dans le substratum de leur choix.

Les organes des Champignons.

Ce sont des plantes singulières que les Champignons. Ce qu'en connaît d'ordinaire le public n'est qu'une partie d'eux-mêmes, l'appareil

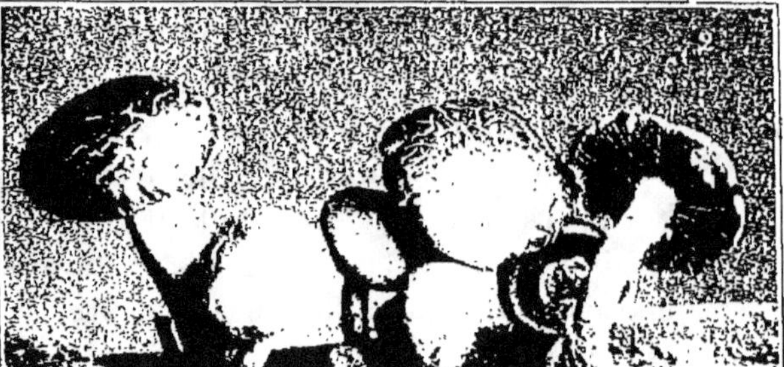

Fig. 62. — Il est des Champignons, comme le Claudope variable (1), qui poussent sur les brindilles ; d'autres, comme le Pholiote du peuplier (2), parent les souches de leurs groupes serrés ; l'Oreille de Judas (3) naît sur les branches pourrissantes du Sureau ou du Noyer.

fructificateur ; les organes végétatifs demeurent toujours sous terre ou rampent dans les matières servant de support.

Ils consistent en de fins filaments ou *mycelium*, enchevêtrés en tous sens et dépourvus de toute matière verte. Ne pouvant, par suite, assimiler le carbone qui leur est indispensable, il leur faut l'emprunter à la matière organique vivante ou en décomposition. Dans le premier cas, ils sont *parasites* ; dans le second, *saprophytes*.

Ces filaments ont, dans leurs parties terminales, une puissance digestive si intense qu'ils dissolvent aisément les carbonates, les phosphates, les silicates du sol. C'est à cette propriété, dans les prairies où croît le Psalliote des champs, ancêtre du Champignon de couche, que sont dus les *ronds de sorcière*, cercles ayant parfois jusqu'à 15 mètres de diamètre ; dans leur enceinte croît une herbe jaune et maigre, tandis que le pourtour, sur une largeur de 15 à 20 centimètres, est indiqué par des herbes plus hautes, plus vertes et plus vigoureuses qu'au voisinage. C'est au centre de ce cercle que, jadis, germa une spore du Champignon, donnant un mycelium qui s'est étendu d'année en année ; les parties les plus âgées meurent après avoir épuisé le sol sur une surface de plus en plus grande, tandis qu'au contraire les jeunes filaments du pourtour émettent en abondance des fructifications qui se décomposent et forment un excellent engrais pour les herbes voisines.

L'appareil fructificateur des Champignons.

Quand la cryptogame est en fruits, sa vie est intense ; elle respire avec d'autant plus d'activité qu'il fait plus chaud et plus humide et que la lumière qui lui parvient est plus tamisée. Dans ses tissus, formés en grande partie d'eau — jusqu'aux neuf dixièmes de son poids, — apparaissent de nombreuses diastases, pepsine, invertine, amylase, identiques à celles que fabriquent nos organes et servant à la digestion ; des matières sucrées se mettent en réserve. Certaines espèces distillent de plus des produits spéciaux qui en font, tantôt des mets délicieux, régal des gourmets, tantôt des poisons terribles qui, après d'atroces souffrances, tuent en quelques heures.

La rapidité de la croissance de l'appareil fructificateur des Champignons est proverbiale ; quand les conditions sont favorables, la multiplication de leurs cellules se fait avec une étonnante énergie. Après la pluie on les voit, pour ainsi dire, pousser à vue d'œil.

La force de croissance de ces masses cellulaires est énorme et dépasse toute vraisemblance. En 1883, à Braintree (Écosse), on a constaté qu'un Psalliote des champs avait, pour se développer, légèrement soulevé une énorme pierre.

L'appareil fructificateur, à la fois fleur et fruit des Champignons, n'est ni moins beau ni moins varié que la fleur des Phanérogames ; sa beauté est autre et on la connaît moins.

C'est d'abord un petit tubercule, excroissance d'un des filaments qui rampent dans le sol. Entouré, comme un œuf de sa coque, d'une fine membrane, la *volve*, qui ne laisse de trace que chez quelques espèces, il apparaît bientôt au jour, grossit rapidement, surtout au sommet, et se différencie en un *pied* et un *chapeau*. Dans ce dernier, massif à l'origine, se creuse une cavité annulaire qu'une mince paroi sépare seule de l'extérieur. Sur ses bords se différencient des lamelles rayonnantes. Bientôt le chapeau, brisant d'un effort la membrane qui l'attachait au pied, s'étale presque horizontalement et un liséré frangé, l'*anneau*, marque souvent sur le pied, son ancien point d'attache.

Le microscope montre que le bord libre des lamelles est garni de cellules qui, aux extrémités de deux petites colonnes recourbées comme les branches d'une lyre, portent les spores, fine poussière, capable en germant de redonner un nouveau mycelium qui, à son tour, fructifiera.

Le chapitre des chapeaux chez les Champignons.

Pour protéger son pollen contre la pluie la fleur a cent moyens ; pour défendre ses spores pendant leur formation, le Champignon n'en a qu'un, toujours le même, mais si bon que l'homme le lui a emprunté : le parapluie.

Fig. 63. — Le chapeau des Champignons a souvent la forme classique du parapluie : il est parfois en entonnoir, en coupe, en cloche, voire en tiare, comme cette Naucoria.

Ce parapluie est, en même temps, un parasol qui préserve les spores d'une chaleur trop vive et empêche le soleil de dessécher le terrain où sont enfouis les filaments végétatifs.

Un parapluie ! Sur ce thème la nature a brodé ses fantaisies les plus amusantes et les plus imprévues. En modifiant la forme du manche et celle du dessus, en variant les matières qui les forment, leur consistance, leurs couleurs, elle en a tiré plus de la moitié des espèces répandues à la surface du globe.

La forme classique du parapluie est la plus commune ;
mais elle s'aplatit peu à peu avec l'âge. Tel champignon
qui, jeune, était surmonté d'un dôme superbe, est recouvert
dans son âge mûr, d'un toit horizontal et ne porte, dans sa
vieillesse, qu'un parapluie retourné. Il en est qui, dès leur
naissance, sont en entonnoir, en coupe, en calice ; d'autres
ont la forme d'un bouclier, d'un cône, d'une cloche, voire
d'une tiare (fig. 63).

Le pied, par ses formes et ses proportions, contribue
beaucoup à l'aspect. Gros et court il donne au Champignon
l'air d'un rustre trapu ; parfois il s'allonge à l'extrème et, au
sommet de la fine tige, le chapeau semble une tête d'épingle.
Il peut être bulbeux à la base ou, au contraire, s'amincir.
Droit le plus ordinairement, il se courbe quelquefois, se
tord sur lui-même. Il n'est pas toujours au centre du chapeau ; chez les espèces lignatiles il s'attache souvent hors
du centre ou même tout à fait sur le côté. Beaucoup de
formes vivant sur les brindilles font même l'économie d'un
pied et se fixent directement par le bord du chapeau.

Les couleurs.

Quant aux couleurs elles peuvent rivaliser en éclat avec
celles des fleurs les plus belles ; elles les surpasssent
comme variété. Il est des Champignons aussi blancs que le
Lis et le Muguet ; de loin, on les croirait moulés dans du
plâtre ou, dans de l'ivoire, façonnés au tour. Au milieu de
la verdure des prés, les chapeaux non ouverts des Psal-
liotes jeunes éclatent comme des boules de neige. Le rouge
et le violet francs sont plus rares ; mais l'orange est commun, les roses et les pourpres abondent ; certains ont une
délicieuse nuance saumon ; d'autres ont des teintes livides
ou paraissent rongés par le vert-de-gris ; mais les pigments
les plus répandus comprennent toute la gamme des jaunes,
des fauves, des roux, des bruns, du miel à la rouille, en

passant par les couleurs paille, chamois, cannelle, vieux cuir, écorce de grenade.

La couleur n'est pas toujours uniforme; l'âge la rembrunit d'ordinaire; la nuance se fonce souvent de la circonférence au centre par des gradations insensibles. Les gouttes, les points, les stries, les bandes, les zones de la cuticule; l'état de sa surface qui, tantôt est sèche, tantôt gluante ou visqueuse, glabre, veloutée, rugueuse, écailleuse, forment les éléments complexes d'une abondante ornementation.

Les feuillets rayonnants de la face inférieure du chapeau ne sont pas moins variés dans leurs couleurs, leurs formes et leur disposition; mais très minces ou très épais, espacés ou serrés, rectilignes ou ondulés, ils n'en forment pas moins toujours une élégante rosace d'une délicatesse infinie.

Les parfums des Champignons.

Beaucoup de Champignons émettent une odeur spéciale, parfois très agréable, parfois moins. Quelques-uns, les Phalles, entre autres, sont d'une puanteur phénoménale; il n'est pas d'ordure, pas de charogne, même la plus ignoble, qui puisse, avec eux, rivaliser sous ce rapport. Ils attirent de loin les mouches stercoraires dont les essaims les recouvrent, aspirent les humeurs gluantes qui s'en dégagent et y déposent leur ponte.

Après avoir humé pareille senteur, on trouve presque plaisantes les émanations du Collybie rance et du Collybie corbeau qui rappellent l'huile rance, de la Gautieria à odeur forte qui évoque les oignons pourris, celles du Mycène ammoniacal, du Marasme à odeur d'ail, du Nolanea à odeur de poisson et du Cortinaire à odeur de bouc.

Certaines espèces ont des senteurs bizarres auxquelles elles doivent leur nom; tels le Naucoria concombre, le Cortinaire à odeur de radis, le vénéneux Tricholome savonnier, l'Hébélome à odeur de sucre qui a le parfum du sucre brûlé.

Mais on se ferait une fausse idée de la symphonie des parfums chez les Champignons si on arrêtait là cette liste. Certains sécrètent des essences qui savent charmer l'odorat. Le musc, si répandu chez les animaux et chez les plantes phanérogames, se retrouve chez l'Inocybe déchiré. Beaucoup ont des parfums de fruits, d'écorces ou de graines aromatiques. Le délicieux Lentine parfumé sent la cannelle ; le Lentine très doux, la coumarine, arome de la fève Tonka que les priseurs raffinés enferment dans leur tabatière ; plusieurs champignons comestibles sentent l'anis ; d'autres, la pomme, la poire, la fraise ; le Crépidote jonquille n'a pas la chair savoureuse du melon mais il en a l'appétissante odeur.

Enfin il est des Champignons qui rivalisent avec les fleurs les plus parfumées pour l'élaboration d'essences suaves. Le Lactaire camphré, malgré son nom, a la douce odeur du Mélilot ; la Chanterelle odorante sent la fleur d'Oranger ; l'Inocybe de Trin, l'Œillet ; l'Hyménogaster gris, le Muguet ; la Gautieria à forme de morille, la Fraxinelle ; l'Hygrophore odorant, le Laurier-cerise ; le Clitocybe géotrope et le Cortinaire gracieux sentent la Lavande ; le Tricholome iris, la Violette ; la Russule tachetée, la rose, reine des fleurs.

La beauté chez les Champignons.

Chaque Champignon, en raison de tous ses caractères, de sa position isolée ou groupée, de son habitat et de son genre de vie a son aspect particulier. Il en est de beaux et de laids, de curieux et d'indifférents.

Sous l'ombre des forêts, à l'automne, avec un pied tigré haut de 3o centimètres que renfle un bulbe, que pare une collerette découpée et que surmonte un élégant parasol velouté large comme une ombrelle d'enfant, c'est vraiment

une charmante production de la nature que la Lépiote élevée (*Coulemelle*) ; par surcroît, elle est aussi bonne que
belle et procure aux mycophages, qui la recherchent
comme un trésor, des sensations exquises dont, entre ini-
tiés, ils ne parlent qu'avec un tremblement dans la voix.

L'Amanite fausse-oronge revêt sa chair, ignoble empoi-
sonneuse, d'une élégante robe rouge lamée de blanches
écailles ; dans les bois jaunissants elle attire et charme le
regard, mais malheur à l'imprudent qui, se fiant à sa bonne
mine, la confond avec l'Oronge vraie, régal des Césars.

Sur les souches où ils se plaisent, des Lentines au chapeau mince, creusé en un blanc entonnoir, orné de ponc-
tuations et de mouchetures, ressemblent à de gracieuses
corolles de Liseron : on croit voir fleurir le bois mort.

Le groupement en touffes de beaucoup d'espèces lignatiles, Collybies (fig. 1), Hypholomes, Pleurotes, présente du
charme par la variété dans les nuances, les formes et le port
qu'amènent les âges différents. Parfois c'est en bataillons
serrés qu'ils se rassemblent en un même point du sol,
comme ce groupe de Psathyrelle disséminée que reproduit
une de nos photographies (fig. 64).

Les Champignons sans feuillets.

Tous les Champignons ne sont pas pourvus de lamelles
rayonnantes ; une famille nombreuse, celle des Polyporées,
forme ses spores dans des milliers de petits tubes accolés
et placés à la face inférieure du chapeau ; leur section est
tantôt circulaire, tantôt polygonale et rappelant alors un
rayon d'une ruche ; ainsi la nature se répète dans ses
œuvres, protégeant par d'analogues architectures le polype
dans sa loge, la larve de l'abeille dans l'alvéole, les spores
des Polyporées dans leurs tubes.

Les représentants les plus connus de ce groupe sont les
Cèpes ou Bolets qui, par leur chapeau régulier, rappellent,

malgré des formes plus massives, les Champignons à feuillets. Mais un grand nombre d'autres Polypores vivent sur le bois pourri, sur les arbres qu'ils garnissent de leurs fructi-

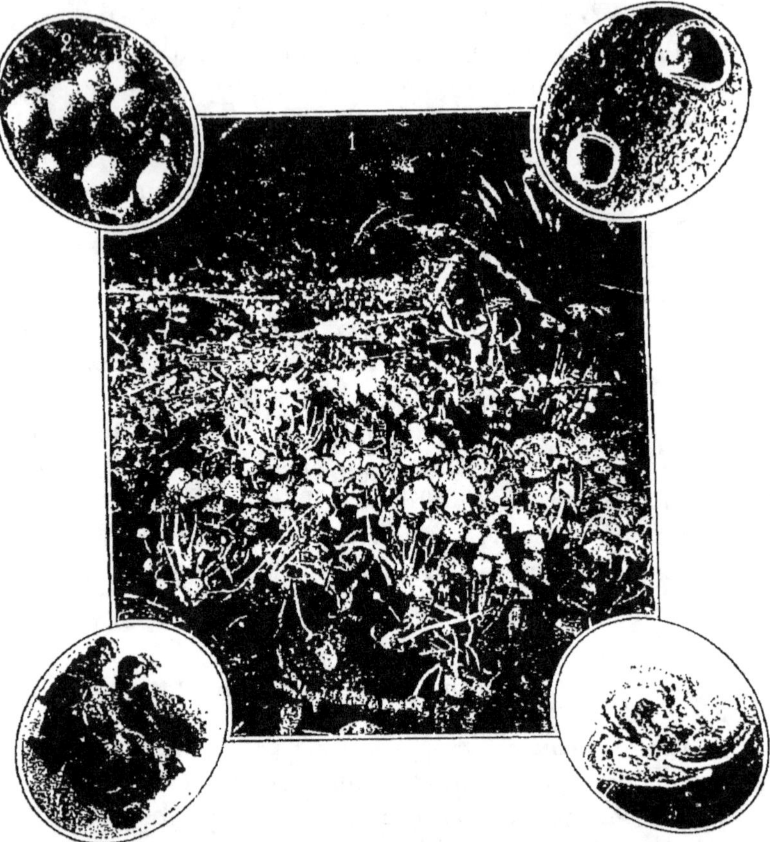

Fig. 64. — C'est par centaines que, sur un étroit espace poussent parfois les Champignons : à terre, comme cette Psathyrelle (1) ; sur les souches, comme l'Exidie (2) ou l'Oreille de Judas (3). Le Géaster hygrométrique s'étale par l'humidité, se replie par la sécheresse (4). Le chapeau aux nuances zonées du Polypore versicolore (5) rappelle le vieux cuir.

fications bizarres aux cascades de lames veloutées ou soyeuses, chatoyantes, irisées (fig. 64, Polypore versicolore), aux chapeaux façonnés en sabots, en coquilles, en épaulettes bronzées ou argentées qui, cramponnées aux écorces, s'étagent le long du tronc et jusqu'aux plus hautes branches. Les uns sont mous comme des éponges ; d'autres ont l'aspect du vieux cuir, la consistance du liège ou la rigidité du bois. Chaque essence forestière, chaque espèce ligneuse des jardins nourrit les siens. L'un des plus étranges est la Fistuline hépatique qui, des crevasses des vieux arbres, fait saillir comme une langue de bœuf, son chapeau épais et rouge à la chair aigrelette, mais succulente à souhait.

Chez les Hydnes les spores se forment toujours sous le chapeau, mais ce ne sont ni des lamelles en rosace ni des tubes accolés comme ceux d'une chaudière qui les portent; ce sont des milliers d'aiguillons semblables à des stalactites, parfois ondulés, frisés, rappelant la laine des brebis, d'où leur nom vulgaire de *moutons*.

Les Lycoperdons ou *Vesses-de-loup* sont parmi les Champignons les plus populaires. Au sommet de leur pied gros et court ils se tournent en boule, se façonnent en outre, en massue, s'enflent en poire ou en toupie. Leur enveloppe, couverte de rugosités, d'écailles, de papilles qui brillent comme des gemmes, abrite une masse spongieuse dans laquelle se différencient les corps reproducteurs. A la maturité, ces paisibles Cryptogames se transforment en des volcans. Leur sommet se perce et, par ce cratère, s'élance au moindre choc, légère comme une vapeur, la poussière brune des spores.

Certains de ces Lycoperdons, les Bovistes, entre autres, sont des gaillards qui, avant d'éclater, comme la grenouille de la fable se sont gonflés à outrance. On en cite qui, en deux ou trois jours, ont atteint 2 pieds de hauteur avec 1 mètre et demi de circonférence.

Proches parents de ces monstres sont les gracieux Géasters. Absolument sphériques, ils ont deux enveloppes dont, à la maturité, la plus interne se perce au sommet, tandis

que l'externe se découpe et s'étale en étoile à la surface du
sol ; tels des petits fours dans leur enveloppe de papier
dentelé. Ce sont de sensibles hygroscopes dont l'enveloppe
externe s'ouvre ou se ferme alternativement suivant que
l'air est humide ou sec (fig. 64).

Passer une revue complète des formes si curieuses et si
variées des Champignons nous entraînerait trop loin ; mais
il faut au moins citer les Phalles, fétides asperges au sommet gluant, les *Clathres*, étonnantes boules ajourées d'un
rouge vif, la *Craterelle corne d'abondance*, parfum des ome-
lettes ; comme une noire trompette, la *Trompette des morts*,
ainsi que l'appellent les paysans, elle sort du sol des forêts
à l'automne. Et les *Morilles* au chapeau crevassé, aréolé ;
les *Helvelles*, au pied blanc semblable à un bâton de pâte de
guimauve, les *Pézizes* aux coupes cramoisies qui fleurissent les brindilles, les molles *Exidies* arrondies comme des
boutons de guêtre (fig. 64), les tremblotantes *Auriculaires*
façonnées comme le pavillon d'une oreille humaine (*Oreille
de Judas*) (fig. 62 et 64).

La liste s'allongerait encore à l'infini s'il fallait parler de
ceux qu'on ne voit pas, comme la Truffe qui, sous terre,
mène à perfection sa chair parfumée, et les légions d'espèces
microscopiques qui s'attaquent aux arbres et les font périr,
au bois qu'ils rendent impropres à tout usage, aux plantes
cultivées, aux animaux domestiques, à l'homme lui-même
chez lequel ils produisent l'aspergillose, l'actynomycose,
le muguet et la teigne.

CHAPITRE XXIV

MOUSSES, ALGUES ET LICHENS

Les Mousses, tapis des bois, forment un petit monde
végétal trop ignoré. Leurs formes sont charmantes, mais,
pour être généralement admirées, deux attributs leur manquent : une taille suffisante, la vivacité des couleurs.

Dans leurs forêts lilliputiennes qu'animent maintes bestioles, les tiges brunes ou rougeâtres s'allongent côte à
côte, garnies sur toute leur hauteur de feuilles uniformes,
minces, transparentes, d'un vert sombre, presque noirâtre
ou, au contraire, vif et gai. Géantes sont les tiges qui, à
20 centimètres au-dessus du sol, élèvent leur sommet.

La capsule des Mousses.

A la fin de l'hiver, un filament, parfois plus haut qu'elles-
mêmes, les surmonte souvent qui se termine par une mignonne production, la *capsule* ou *sporange*, fièrement
dressée ou, comme une branche de Saule pleureur, gracieusement penchée vers le sol (fig. 65, Mnium annuelle). Chacune se compose d'une *urne*, verte d'abord, brune plus
tard, nettement sphérique ou ovoïde, façonnée en pomme,
arrondie en poire, étranglée comme une calebasse, cylin-
drique ou même anguleuse et presque cubique (fig. 65,
Polytric genévrier).

L'*opercule*, couvercle de ce vase, n'est guère moins varié
dans sa forme. Une enveloppe, la *coiffe*, comme un capuchon le protège ainsi que la capsule. C'est un éteignoir
conique joliment festonné qui descend jusqu'au pédicelle ou

s'arrête à mi-chemin. Il en est qui se transforment en une vessie renflée d'un vert tendre ; d'autres, petites, en forme de cuiller, sont déjetées d'un côté comme un chapeau posé sur l'oreille. Certaines sont lisses ou simplement ciliées au bord ; d'autres garnies, comme d'une chevelure, de poils appliqués et retombants à moins qu'ils ne soient hérissés.

Le développement chez les Mousses.

Quand le sporange est mûr, la coiffe tombe, puis l'opercule. De l'urne ouverte que le vent balance s'échappe la fine poussière des spores qui, dans son sein, sont parvenues à l'état parfait. Celles de ces spores qui rencontrent des conditions convenables d'humidité et de chaleur germent, donnant des filaments qui se ramifient, rampent sur le sol et s'y enfoncent, couvrant jusqu'à 3 ou 4 décimètres

Fig. 65. — Même chez les plantes inférieures sont des formes charmantes : cornets des Cladonies (1), capsules pendantes de la Mnium annuelle (2), capsules dressées du Polytric genévrier (3).

carrés. Des bourgeons s'en détachent, ébauches des tiges de mousse qui se pressent, serrées en touffes ou en mamelons, descendance nombreuse d'une même spore. Les filaments qui les réunissaient se détruisent peu à peu et chaque tige acquiert une existence indépendante grâce à la chlorophylle de ses feuilles et aux poils radicaux qu'elle enfonce dans le sol. Elle grandit vite et, bientôt, se reproduit. Des feuilles rigides, brunes, forment à son sommet une collerette qui entoure, au milieu d'une forêt de poils, d'élégantes petites bouteilles vertes à long col, les *archégones* et de massifs cylindres rouges, les *anthéridies*. Ce sont les organes reproducteurs. Une gouttelette d'eau, rosée ou pluie, est nécessaire à l'accomplissement de leurs fonctions. Les anthéridies mûres laissent échapper des milliers de minuscules corps à forme hélicoïdale, les *anthérozoïdes*, qui, par les battements de deux longs cils, nagent et tourbillonnent avec rapidité dans l'océan de cette goutte d'eau. Un heureux hasard conduit toujours l'un d'eux jusqu'à l'entrée d'une des petites bouteilles vertes ; il s'enfonce dans le col par un mouvement de vis et parvient jusqu'à une cellule centrale, l'*oosphère*, avec laquelle il se fusionne. Le résultat de cette union est l'*œuf* qui se développe en parasite sur la tige de mousse et donne la boîte à spores, petit bijou que nous admirions tout à l'heure. La complication des phénomènes de reproduction est, on le voit, plus grande chez ces humbles plantes que chez les Phanérogames, aristocratie du monde végétal.

Ce n'est pas seulement à terre, dans les bois, qu'on rencontre les Mousses ; c'est aussi dans l'eau des étangs, sur la vase des marécages, dans les prairies, sur les rochers ; elles garnissent les toits et le sommet des murs, couvrent le tronc des arbres d'un vêtement de velours.

La réviviscence des Mousses.

Dépourvues de longues racines, elles ne peuvent puiser l'humidité qu'à la surface du sol ; aussi leur vie est-elle intermittente. Par les temps secs elles ont l'air de plantes mortes ; leurs tiges sont rigides et fragiles, leurs fruits se dessèchent, leurs feuilles s'enroulent, se courbent, se plissent, se contractent de cent façons. Que la pluie survienne, tout se redresse, s'étale et reverdit. Un naturaliste anglais, M. Heald, a montré qu'un *Bryum*, une *Barbula* peuvent rester desséchés complètement pendant quinze jours ou trois semaines et conserver le pouvoir de produire de nouveaux organes quand on les humecte au bout de ce temps.

Les Lichens.

Les Lichens, plus encore que les Mousses, ont une merveilleuse résistance à l'action des agents atmosphériques.

Nous ne dirons que quelques mots sur ces plantes placées au dernier échelon de la série végétale mais dont le rôle est si grand dans la nature. Simples lames blanchâtres, grises, jaunes ou brunes, elles prennent possession du roc nu, s'y cramponnent, attaquent sa surface et, de leurs débris accumulés, forment une mince couche de matière organique dans laquelle pourront se développer les spores de Mousses qu'apportera le vent. Celles-ci continuent l'attaque commencée par les Lichens, premiers défricheurs du sol ; elles ajoutent à l'épaisseur de la couche d'humus et préparent le terrain dans lequel vivront plus tard des végétaux d'un ordre plus élevé.

Comme les Mousses, les Lichens sont répandus partout, sur l'écorce des arbres, sur les rochers, les murs, le sol.

Leur partie végétative ou *thalle*, toujours de petite taille, est tantôt une croûte qui se sépare avec difficulté du support, tantôt une lame. Souvent, découpé en lanières, il imite un arbre minuscule. Parmi les formes les plus curieuses sont les *Usnées* rameuses qui couvrent les branches des arbres d'une perruque sénile fort nuisible ; les *Cladonies* dont plusieurs espèces ont leurs tiges terminées en un élégant cornet (fig. 65) ; les *Graphides*, aux thalles présentant des fissures capricieusement contournées qui, sur les écorces, rappellent les caractères de quelque vague écriture d'Orient.

L'organisation des Lichens est étrange, car ils résultent de la symbiose d'une Algue et d'un Champignon. La première apporte à l'association sa précieuse chlorophylle qui permet au groupe uni d'assimiler le carbone de l'air ; le Champignon, ses tissus spongieux propres à retenir l'eau et son aptitude à transformer les hydrates de carbone en principes azotés.

M. Gaston Bonnier a pu séparer les deux plantes qui composent un Lichen, c'est-à-dire en faire l'*analyse*. Par l'opération inverse, la *synthèse*, il a constitué de toutes pièces un Lichen en mettant en rapport l'Algue et le Champignon qui ne demandent qu'à vivre en bon ménage. Ainsi il a mis en évidence l'un des points les plus intéressants de la vie des plantes.

Les Algues.

C'est en pleine vie, attachées encore à leur tige et doucement balancées par le vent, qu'il faut voir les plantes de nos champs et de nos bois ; desséchées, leurs fleurs pâlissent, leurs feuilles deviennent rigides et sans grâce. Il n'en est pas de même des plantes marines que nous ne voyons pas dans leur élément ; leur structure est molle, gélatineuse, aussi, à marée basse, sont-elles aplaties, collées les unes contre les autres, plaquées contre les rochers ; l'herbier leur est favorable et met en relief leurs couleurs vives, leurs formes délicates.

Ici pas de tige, pas de feuilles, pas de fleurs, mais un organe maître-Jacques, le *thalle*, qui les remplace tous, se modifie à sa base en crampon fixateur, donne plus loin des lames foliacées chargées de la nutrition, se renfle en flotteurs, s'organise sur un de ses points en appareil reproducteur. Contenant de la chlorophylle identique à celle qui colore les feuilles des arbres, il peut posséder d'autres pigments et ses nuances sont aussi nombreuses que celles de la corolle des fleurs : le vert, le brun, le jaune, l'olive, toutes les teintes du rose, du pourpre et du violet s'y rencontrent, s'y mêlent ; palette souvent féerique, toujours charmante.

Sur nos côtes, les Laminaires s'allongent comme des rubans parfois découpés, rappelant la disposition des doigts de la main ; le thalle mince et transparent des Céramies est ramifié comme les barbes d'une plume, celui des Polysiphonia ressemble à une longue chevelure, les frondes des Laurentia, des Dasyes font songer à de capricieux arbustes ou à des Fougères.

Tandis que les Ulves ou Laitues de mer ont des tissus d'une délicatesse extrême que semble devoir déchirer le moindre contact, les Corallines, au contraire, retirent le calcaire de l'eau de mer et sont dures comme le corail dont elles ont l'apparence ; roses ou rouges pendant leur vie, la mort les fait blanches.

Les Algues offrent des ressources aux populations maritimes ; l'Urvillea, les Ulves, la Laminaire saccharine et quelques autres sont comestibles ; sous le nom de goëmon ou de varech, bon nombre de Fucacées forment un excellent engrais ; on peut en extraire de la soude, de l'iode; plusieurs servent en médecine.

PHOTOGRAPHIE DES PLANTES

---

1. — LA PHOTOGRAPHIE DES PLANTES CHEZ SOI

De tous les sujets sur lesquels un objectif peut être braqué,
aucun, à mon avis, ne présente plus de charmes, ne procure
plus d'agréments que la plante. « L'amour de la nature, a
dit Balzac, est le seul qui ne trompe pas les espérances
humaines. » J'aime les larges pétales aux couleurs vives,
aux formes splendides, fleurs somptueuses que forment des
tropiques artificiels, fleurs savantes que fait éclore l'art des
jardiniers, mais combien plus encore les gracieuses corolles
des champs et des bois que chauffe le clair soleil, que
balance la brise, que baignent les averses, que débarbouille
la rosée ! Les bleues, les jaunes, les blanches, celles que
protège le vert toit des feuilles et celles qui s'étalent sans
abri aux ardeurs de juillet, plantes d'eau, plantes des
murailles ou des terrains vagues, toutes également me
plaisent.

La photographie des plantes présente quelques difficultés,
mais surmontables avec de la persévérance ; elle est à
recommander aux jeunes gens auxquels elle donne le goût
des choses de la nature et le sentiment de la décoration ;
elle constitue une occupation agréable, un art charmant.

Chaque saison amène ses formes et ses couleurs. Au
cœur de l'été on n'a, comme sujets, que l'embarras du choix ;
l'automne a des fruits qui parfois passent en grâce les fleurs

et les Champignons de soie et de velours aux contours gracieux; l'hiver nous offre la Perce-neige, la Rose de Noël, le Gui aux blanches perles, les Fougères découpées qui pendent le long des vieux murs et les Mousses aux capsules mignonnes.

La cueillette des plantes.

Si au cours d'une promenade à la campagne on cueille des fleurs dans un but photographique, il faut toujours choisir des spécimens intacts, éviter les feuilles rongées par les insectes ou les mollusques, les fleurs trop épanouies, d'une conservation difficile. Il est quelquefois difficile de réaliser ces conditions; c'est ainsi qu'un jour sur une centaine de pieds d'Arum tacheté examinés, nous eûmes peine à en trouver deux ou trois intacts; les feuilles, la grande spathe en cornet ou le spadice en colonne qu'elle entoure étaient attaqués d'une façon par trop apparente.

Pour rapporter les plantes fraîches la meilleure enveloppe est une boîte à botanique, mais, à la rigueur, des journaux suffisent, à condition que les fleurs y soient complètement enfermées. En rentrant, mettre toute la récolte dans un grand vase plein d'eau fraîche et ne plus s'en occuper jusqu'au lendemain; les plantes seront dressées et superbes comme dans le lieu qui les vit naître.

Cependant il est quelques espèces ligneuses dont le bois dur absorbe difficilement l'eau; de ce nombre sont le Robinier, le Cytise faux-ébénier ou Acacia jaune, etc. D'autres, comme les Polygales, déjà très molles, se ramollissent encore dans l'eau et n'ont plus de tenue. Les Érodium, les Geranium, d'autres encore ont des fleurs éphémères qui se flétrissent au bout de quelques heures et que ne remplacent pas les boutons déjà formés. Il n'est, pour ces quelques plantes délicates, que deux moyens de les reproduire : les photographier sur place ou rapporter chez soi quelques jeunes exemplaires qu'on plante dans des pots et qu'on utilise quand on les juge en forme.

Quant aux fruits légers, presque aériens, des Pissenlits (fig. 54), des Salsifis, des Tussilages et de nombreuses autres Composées dont on admire la grâce dans les champs, il est inutile d'essayer de les rapporter, tout contact les brise et tout souffle disperse leurs akènes. Il est, au contraire, infiniment pratique d'apporter en grand nombre des fleurs passées qu'on met dans l'eau, elles s'y conservent pendant plusieurs jours et, l'une après l'autre, se transforment en une jolie sphère délicate. On en aura ainsi à sa disposition.

La conservation des plantes coupées.

En principe il est essentiel de photographier le plus tôt possible toutes les plantes rapportées dans ce but. Mais comme elles ne peuvent l'être toutes à la fois, il est bon de commencer par les plus fragiles, ou par les plus rares, ou encore par celles auxquelles on tient davantage. Quant aux autres on augmentera la durée de leur conservation à l'aide de diverses précautions.

Tout d'abord les branches ligneuses comme celles des Robiniers, des Cytises et de la plupart des arbustes doivent être coupées à un centimètre environ de leur section primitive avant d'être placées dans l'eau, car à l'air leur extrémité s'est desséchée, les vaisseaux se sont contractés et n'absorbent plus. Il est bon aussi d'enlever quelques lanières d'écorce sur la partie plongée dans l'eau, de façon à augmenter la surface de pénétration.

Pour conserver les plantes herbacées, quelques personnes, pour entraver les fermentations, mettent une pincée de sel au fond des vases ou une couche de charbon de bois, corps dont les propriétés désinfectantes sont bien connues.

Il est encore préférable de renouveler souvent l'eau dans laquelle elles plongent, car les tiges, les feuilles, en contact immédiat avec le liquide ne tardent pas à entrer en fermentation ; les infusoires, les microbes et principalement le ferment butyrique (*Bacillus amylobacter*), se développent rapidement dans ce milieu propice, dissocient les éléments constitutifs des organes, détruisent les enveloppes des cellules et des vaisseaux, supprimant ainsi les organes indispensables pour véhiculer l'eau qui doit entretenir la fraîcheur des feuilles et des fleurs. De plus les matières fermentées forment une masse gluante qui obstrue les vaisseaux.

Il faut donc ajouter de l'eau plusieurs fois dans une journée pour remplacer celle qu'ont évaporée les plantes, la renouveler de temps en temps et couper, par une section bien nette, la partie inférieure des tiges.

Notez encore qu'on doit répartir les plantes, si elles sont nombreuses, dans plusieurs vases ; chaque tige trouve ainsi plus d'eau à sa disposition. La pièce dans laquelle on place la récolte doit être la plus fraîche de l'appartement ; et on se trouve bien de bassiner les fleurs de temps à autre avec un vaporisateur.

Quittons maintenant l'art de la fleuriste pour celui du photographe.

Le groupement des plantes.

La disposition à donner aux plantes varie à l'infini. Si l'on veut prendre une plante isolée ou même un simple détail, une branche chargée de fruits ou une fleur bien posée, la difficulté est faible. Ciseaux ou sécateur doivent entrer en jeu cependant pour élaguer quelques-unes des feuilles trop serrées, formant masse, une fleur passée, une branche à l'allure maladroite, mais il faut bien prendre soin de ne pas dépasser le but qui est de donner plus de clarté au sujet et de ne pas le déformer. Ce serait une hérésie, par exemple, quand une plante est à feuilles opposées de couper l'une des feuilles de la couple.

Comment fixer le sujet choisi et préparé? On pique la tige assez profondément dans la terre légèrement mouillée d'un pot. S'agit-il d'un groupement, d'un arrangement? Il faut y mettre toutes ses qualités de bon goût et toute sa patience. Le plus difficile est de composer un bouquet; certaines plantes se tiennent mal dans le vase; il en est qui persistent à se montrer de profil quand on veut les voir de face, d'autres basculent à chaque instant et il faut parfois caler leurs tiges avec de petits tampons de papier. Après une demi-heure ou trois quarts d'heure de travail, heureux l'opérateur qui réussit à établir un édifice d'apparence solide et un arrangement agréable à l'œil! Arrivé à ce point il est prudent de ne pas se montrer trop exigeant, et de ne pas vouloir pousser trop loin la perfection; une seule branche déplacée peut amener la chute de l'échafaudage et l'inutilité du pénible labeur.

Le débutant devra se rappeler en toute occasion les conseils suivants :

1° Ne pas s'en fier à la vision directe pour l'arrangement, mais le modifier d'après l'image vue sur le verre dépoli.

2° Mettre le moins de fleurs possible (fig. 66), on pourrait presque énoncer en principe qu'il y en a toujours trop.

3° Grouper les nuances de façon à atténuer l'inégale sensibilité des plaques aux différents rayons ; par exemple, si l'on a, à la fois, dans un bouquet, des fleurs jaunes et des blanches, mettre les jaunes en pleine lumière et les blanches du côté de l'ombre.

Le choix du fond.

Une question importante est celle du fond. Sa solution demande une certaine expérience. Il faut toujours, en tous cas, un papier mat. Une simple feuille de papier Canson, de papier Bull ou de toute autre marque, fixée avec des punaises et bien tendue sur une planche à dessin un peu grande est, en général, un écran commode.

Ne laissez jamais le marchand enrouler les feuilles, ce qui peut produire des plis gênants, mais emportez-les et laissez-les dans un carton à dessin. Les teintes qui servent le plus sont le blanc et le gris clair sur lesquelles se détachent nettement les feuillages, les fruits (sauf ceux du Gui et de la Symphorine) et toutes les fleurs, sauf les blanches et les bleues ainsi que celles d'un violet ou d'un rose très pâle.

Pour tout ce groupe il faut employer du papier marron, jaune foncé ou vert de gris. Si l'on veut, pour certains effets, un fond absolument noir, une seule matière peut le donner, car elle absorbe tous les rayons lumineux, c'est le velours noir piqué et tendu, lui aussi, sur la planche à dessin et brossé soigneusement au moment de l'emploi.

L'écran ne doit pas être placé trop près. Autant que possible sa place est à 70 ou 80 centimètres du sujet, de façon à éviter l'ombre portée. A cette distance il fait « tourner » les plantes ; il donne de l'air.

Un même écran, d'ailleurs, plus ou moins rapproché des fleurs donne des fonds de teintes différentes. On peut même avoir différentes teintes pour un même fond en inclinant l'écran en avant ou en arrière suivant l'effet à obtenir.

La mise au point.

La mise au point présente, comme il est aisé de le comprendre, une grande importance. On la fait d'abord à toute ouverture ou avec un très faible diaphragme, puis on diaphragme au degré désiré, ce qui la complète. On met au point sur un détail remarquable, une jolie fleur par exemple, ou sur le milieu de l'épaisseur formée par l'ensemble. Si l'on a des branches fuyantes, donnant au sujet une grande épaisseur, si le sujet lui-même est très rapproché de l'objectif, il faut fortement diaphragmer.

Le diaphragme accroît la profondeur du foyer, donne du détail et surtout permet d'obtenir des résultats passables même avec de médiocres objectifs ; mais c'est un auxiliaire qui fait payer très cher les services qu'il rend : il augmente la durée du temps de pose, aplatit le sujet et le grisaille.

Les plaques.

On peut employer des plaques ordinaires et obtenir les vraies valeurs des nuances, mais il faut alors faire suivre une surexposition notable d'un développement extrêmement lent. Il est préférable d'utiliser les plaques orthochromatiques sensibles au jaune et au vert. Pour les fleurs ou les fruits rouges, on emploiera les plaques orthochromatiques sensibles au rouge et au vert. Les plaques panchromatiques d'une bonne marque fournissent aussi d'excellents résultats. Un écran jaune, de coefficient 2 ou 4 (c'est-à-dire doublant ou quadruplant le temps de pose) est indispensable pour les fleurs contenant du bleu ou du violet. Il faut avoir soin dans ce cas de faire la mise au point après avoir placé l'écran jaune, le foyer des rayons jaunes n'étant pas tout à fait le même que le foyer fourni par l'objectif travaillant à la lumière naturelle. Si, surtout en employant un écran foncé, de coefficient 10 à 20, on néglige cette précaution, le foyer est complètement déplacé, et la surprise, au développement, est plutôt désagréable.

Pour certains feuillages luisants, vernissés, comme ceux du Lierre, du Houx, l'emploi des plaques antihalo est recommandable.

L'éclairage.

Passons maintenant à l'installation proprement dite. Si la pièce dans laquelle on opère a deux fenêtres, on en masque complètement une avec des rideaux épais, de façon à avoir une lumière bien franche. On peut aussi avec deux carrés de papier noir et quelques punaises obturer la partie basse des vitres de la fenêtre conservée pour n'avoir que l'éclairage du haut.

La table qui supporte les plantes et le fond peut être disposée de telle sorte que son axe fasse un angle d'environ 45° avec le plan de la fenêtre. Elle doit être bien d'aplomb et il faut, au besoin, en caler les pieds sans quoi le moindre mouvement déterminera un balancement du sommet des tiges, d'où une image confuse de cette partie, la plus intéressante, puisque d'ordinaire elle porte les fleurs.

Afin d'éviter de trop brutales oppositions il est bon d'éclairer le côté qui est dans l'ombre avec une lame de carton blanc ou mieux avec une très grande feuille de papier blanc fixée sur un châssis analogue à ceux qu'emploient les peintres. Enfin, pour baigner les fleurs de lumière on fait partir du haut de la fenêtre, en biais, une bande de calicot blanc formant toit.

Il est évident que les plantes ne doivent jamais recevoir directement les rayons du soleil.

Le temps de pose.

La durée du temps de pose est une des questions qui, à juste titre, préoccupent le plus tout opérateur. Jamais un débutant auquel vous montrez une épreuve réussie n'oubliera de vous demander : Combien de temps avez-vous posé? Il est aisé de satisfaire à cette demande mais le profit que peut en retirer celui qui l'adresse est des plus relatifs. La durée du temps de pose varie avec chaque objectif, avec l'émulsion qui couvre la plaque, avec chaque marque, avec le diaphragme employé, avec l'heure de la journée, la saison, l'état du ciel, l'éclairage de l'appartement, etc., etc. Elle dépend de la distance à laquelle l'objet à photographier se trouve de l'appareil, plus il en est rapproché, plus la pose doit être longue ; sa durée varie en raison inverse du carré

de la distance ; c'est-à-dire que pour un groupe placé à
3o centimètres de l'objectif il faudra poser quatre fois plus

Fig. 66. — Une branche de Myosotis dans un petit vase
suffit pour garnir une plaque.

de temps que pour le même groupe placé à 6o centimètres.
Les plantes massives, peu découpées, champignons aux
formes lourdes, grandes feuilles sans détails, demandent

plus de pose que les ensembles légers, les nervures saillantes, les détails accentués.

Les degrés de clarté.

Enfin il faut tenir compte des degrés de clarté des différentes couleurs. Le tableau suivant est, à ce point de vue, précieux à consulter.

Blanc pur.	1
Bleu clair	1,2
Violet clair.	1,2
Bleu indigo.	2
Violet.	4
Bleu verdâtre.	4
Gris très clair	4
Vert.	6
Jaune clair.	6
Rose chair	6
Vert feuille-morte.	8
Gris ardoise	8
Violet foncé	10
Brun rouge.	10
Vert foncé	10
Jaune foncé.	10
Noir.	13
Rouge foncé	20
Brun foncé.	20

Les *couleurs lumineuses* comme le rouge et le jaune qui impressionnent le plus vivement notre œil sont donc celles qui agissent le moins sur notre plaque et inversement les bleus et les violets, *couleurs obscures*, l'impressionnent le plus.

Il est donc bon d'évaluer la teinte moyenne du sujet et de régler en conséquence la durée du temps de pose.

Tout cela demande, on le conçoit, pour réussir à souhait, de nombreux essais, beaucoup de temps et de plaques perdus.

Le développement.

Il reste maintenant à parler du développement. Il n'y a pas un révélateur spécial pour la photographie des fleurs. Le meilleur est celui dont on a l'habitude. Les débutants et… les autres trouveront sur ce sujet de précieux conseils dans les ouvrages de M. Frédéric Dillaye, qui a tout fait pour répandre dans le public le goût de la belle photographie[1].

II. LA PHOTOGRAPHIE DES PLANTES EN PLEIN AIR

Quittons maintenant la photographie des plantes *chez soi*, dans un atelier improvisé, et abordons la photographie des plantes *chez elles*, c'est-à-dire en plein champ ou sous bois, mais la difficulté est alors beaucoup plus grande et les « ratés » sont nombreux, car beaucoup d'éléments dont on dispose dans l'atelier font ici défaut.

Les arbres.

Lorsqu'il s'agit de reproduire le port d'un arbre, vieux tronc couvert de tumeurs et de cicatrices, Coudrier chargé de chatons, Cerisier disparaissant sous la neige des fleurs, Bouleau profilant dans l'espace la légèreté de ses branches menues et de ses feuilles mobiles, on rentre dans la donnée du paysage, en tenant compte de cette considération qu'on ne doit mettre en relief qu'un seul arbre ou un groupe d'arbres de même essence. Il faut donc choisir, autant que possible, des arbres isolés afin d'éviter la confusion. Une personne placée non loin du sujet choisi donne la propor-

---

[1] Consulter notamment les trois ouvrages suivants : *La pratique en photographie ; Le développement en photographie ; Le tirage des épreuves en photographie.* (Librairie Jules Taillandier, 8, rue Saint-Joseph, Paris.)

tion. Très peu diaphragmer si l'on a un bon objectif ; pose
très courte. On se trouve bien de l'emploi des plaques ortho-

Fig. 67. — Les petits ennuis de la photographie des plantes en plein air,
comme celle de ce Liseron des haies, sont l'absence de fond et la présence
du vent.

chromatiques combiné avec celui d'un écran jaune faible
(à coefficient 2, par exemple), qui arrête une partie des
radiations bleues et donne aux verts une valeur voisine de

celle des jaunes, de sorte que le feuillage obtenu est moins sombre qu'à l'ordinaire. Éviter les ciels trop bleus et trop éclairés qui « mangent » le sommet des branches ; choisir un temps un peu couvert ou, en été, n'opérer que le matin jusqu'à neuf heures ou le soir lorsque le soleil commence à baisser sur l'horizon.

Un appareil à décentrement est précieux pour ce genre de travail, il permet de donner à l'arbre reproduit une importance plus grande sur la plaque en supprimant toute la partie du terrain qui l'occupe inutilement d'ordinaire.

Si au lieu d'avoir des arbres entiers on veut réaliser une collection d'écorces, il faut choisir de préférence l'hiver ou le début du printemps avant la poussée des feuilles pour éviter leur ombre et les trouées de soleil qui embrouilleraient les détails. On opère à une distance de $0^m,50$ à 2 mètres suivant la grosseur du tronc et en faisant alors usage de bonnettes de mise au point. On peut ici diaphragmer à tour de bras puisqu'on demande surtout du détail ; peu importe que l'écorce obtenue soit plate comme une galette pourvu qu'on possède ses traits caractéristiques (fig. 5).

Les plantes herbacées.

Jusqu'ici, en somme, on ne rencontre guère de difficultés, mais il en est autrement si l'on veut photographier sur place un groupe de plantes basses : Véroniques, Pâquerettes, Ficaires, etc. A moins de se contenter de fleurs grosses comme une tête d'épingle, il faut alors rapprocher l'objectif et employer une chambre à soufflet. Le pied doit être aussi raccourci que possible et la mise au point se fait à genoux. Si l'on peut trouver un terrain disposé de telle sorte que les fleurs à reproduire soient au sommet d'une dénivellation de 30 à 40 centimètres on gagne beaucoup en commodité.

Arrangement d'un groupe.

Pour que le groupe produise de l'effet, il doit être formé d'un grand nombre de plantes se masquant le moins possible, réparties sur une faible épaisseur et couvrant la plus grande partie de la plaque. Si l'on juge que les plantes sont trop espacées, il faut en ajouter qu'on déterre avec un déplantoir de poche et qu'on met ensuite en bonne place. On compose presque complètement le petit tableau qu'on veut obtenir ; on enlève les herbes trop hautes qui gênent, masquent, coupent en travers et barrent les fleurs à mettre en évidence. C'est un travail long et minutieux au bout duquel il arrive souvent que l'ensemble préparé avec tant de soins et de peines est inutilisable. Toutes les herbes, dans un pré, sont enchevêtrées et se soutiennent mutuellement les unes les autres ; si l'on en enlève trop, tout s'affaisse ; les plantes privées de leurs habituels tuteurs, pendent lamentablement.

Les inconvénients du vent.

Mais supposons que tout se passe bien ; on a élagué largement, mais avec prudence ; le groupe est prêt pour la reproduction. On s'agenouille une dernière fois sous le voile pour donner le coup d'œil du maître ; on diaphragme au degré voulu puis, se redressant, on arme l'obturateur et on attend. On attend parfois longtemps, car en raison de la petite distance à laquelle on opère et du diaphragme nécessaire, la pose doit être assez longue ; jusqu'à dix et douze secondes sous bois. Or, douze secondes sans vent, même par un jour calme, c'est beaucoup demander. Tel est, en effet, le grand ennemi du photographe travaillant dans ces conditions ; le vent, même le plus léger, balance le sommet des tiges et relève les feuilles.

La main crispée sur la poire — une vraie poire d'angoisse !

— on guette le moment favorable ; on croit le tenir, on presse et... un coup de vent inattendu, au beau milieu de la pose, vient tout brouiller et forcer à recommencer sur nouveaux frais.

Il est, heureusement, des degrés dans la mobilité des herbes. Alors que les Graminées frémissent au moindre souffle, il faut, pour agiter des Champignons, un vent à décorner des bœufs. On peut ainsi obtenir sur place de beaux groupes de ces Cryptogames avec des poses aussi longues qu'il est nécessaire.

Avec le vent, le manque de fond est l'un des plus grands écueils de cette photographie de plein air. Les plantes qu'on a pris tant de peine à placer ne se détachent pas et le cliché obtenu doit subir souvent des retouches pour acquérir un peu de clarté.

La nature... dans l'atelier.

En somme, le meilleur moyen d'avoir les plantes chez elles, c'est de les photographier... chez soi. On les dispose alors à volonté, on y entremêle des Graminées, des Mousses.

Il faut se munir de quelques accessoires peu coûteux. Avec un échafaudage de meulières et d'autres pierres on réalise un coin de muraille sur lequel se dressent des Sédums ou des Saxifrages à trois doigts ; on obtient des rocailles très vraisemblables garnies de Fougères ou de Pervenches, ou encore un paysage en miniature fleuri de Pâquerettes et d'Anémones ; la nature même, enfin, sur une table et entre quatre murs !

TABLE DES MATIÈRES

CHAPITRE V

LE FRUIT

CHAPITRE VI

GRAINES QUI VOLENT ET FRUITS QUI ÉCLATENT

CHAPITRE VII

L'ARMÉE DES ARBRES : LA FORÊT

CHAPITRE VIII

DANS LES PRÉS ET DANS LES CHAMPS

CHAPITRE IX
LES AMIES DES MURS

CHAPITRE X
DANS LES ÉTANGS ET LES RIVIÈRES

CHAPITRE XI
SUR LES RIVAGES DE LA MER

CHAPITRE XII
CELLES QUI VIVENT AUX DÉPENS D'AUTRUI

CHAPITRE XIII
LA FLORE DE L'HUMUS

CHAPITRE XIV
LA VIE GRIMPANTE

CHAPITRE XV

LES MOYENS DE DÉFENSE DES PLANTES

CHAPITRE XVI

LES HÉRISSONS VÉGÉTAUX

CHAPITRE XVII

LES RESSEMBLANCES PROTECTRICES

CHAPITRE XVIII

LES GALLES

CHAPITRE XIX

PLANTES A PIÈGE ET FLEURS A SECRET

CHAPITRE XX

LE VENT ET LES PLANTES

CHAPITRE XXI

UNE FAMILLE DE PLANTES : LES ORCHIDÉES

CHAPITRE XXII

LES FOUGÈRES

CHAPITRE XXIII

LES CHAMPIGNONS

CHAPITRE XXIV

MOUSSES, ALGUES ET LICHENS

PETIT TRAITÉ PRATIQUE
DE LA PHOTOGRAPHIE DES PLANTES

I

LA PHOTOGRAPHIE DES PLANTES CHEZ SOI

II

LA PHOTOGRAPHIE DES PLANTES EN PLEIN AIR

TABLE DES GRAVURES

SUIVANT L'ORDRE ALPHABÉTIQUE DES NOMS FRANÇAIS DES PLANTES